本丛书为江苏省教育厅 2015 年中高等职业教育衔接课程体系建设课题

“岗位 + 能力”进阶式中高职衔接课程体系研究与实践

部分研究成果（课题号：201543）

艺术设计职业教育精编教材

ABOUT THE PROFESSIONAL EDUCATION OF ART AND DESIGN
A COMPREHENSIVE COURSEBOOK

室内设计基础及案例精选

曹文梁 曹 晋 张 怡 张晓初 张晓棠 主编

江苏大学出版社
JIANGSU UNIVERSITY PRESS
镇 江

图书在版编目(CIP)数据

室内设计基础及案例精选 / 曹文梁等主编. —镇江：江苏大学出版社，2016.6(2024.7 重印)
ISBN 978-7-5684-0243-9

Ⅰ. ①室… Ⅱ. ①曹… Ⅲ. ①室内装饰设计—案例 Ⅳ. ①TU238

中国版本图书馆 CIP 数据核字(2016)第 152704 号

室内设计基础及案例精选

Shinei Sheji Jichu Ji Anli Jingxuan

主　　编/曹文梁　曹　晋　张　怡　张晓初　张晓棠
责任编辑/吴昌兴
出版发行/江苏大学出版社
地　　址/江苏省镇江市京口区学府路 301 号(邮编：212013)
电　　话/0511-84446464(传真)
网　　址/http://press.ujs.edu.cn
排　　版/镇江文苑制版印刷有限责任公司
印　　刷/广东虎彩云印刷有限公司
开　　本/787 mm×1 092 mm　1/16
印　　张/15
字　　数/328 千字
版　　次/2016 年 6 月第 1 版
印　　次/2024 年 7 月第 3 次印刷
书　　号/ISBN 978-7-5684-0243-9
定　　价/88.00 元

前言

编者从事室内设计一线教学工作已有十几个年头，选用过各种各样的教材，其中不乏一些内容重合的，因此学生在学习过程中经常会提出：“老师，这部分已经学习过了。”针对这种情况，一直想编写一本有针对性的教材，在多方支持下，这本《室内设计基础及案例精选》顺利出版。

本书分为两个部分。第一部分是室内设计基础软件，包括应用 CAD 绘制家居空间，并以一套完整的家居装饰设计方案为例，从量房到原始尺寸图的绘制，再到平面布置图的布置，集中讲述了家居空间的功能性布置，介绍了空间立面图、电气电路图、水路图、节点大样图等的绘制；还包括基础软件 3D Max 的应用，如何把 CAD 图转换到 3D Max 中，三维空间的制作，基础灯光与 V-Ray 灯光的使用，VR 材质的应用，摄影机的设置，渲染器的设置，以及如何在 PS 中对后期效果图进行深加工。第二部分是设计案例精选，包括家居空间设计案例，餐饮空间设计案例，娱乐空间设计案例，办公空间设计案例。每一类型空间的设计均从基础空间进行分析，考虑如何合理最大化应用空间，从各种空间的功能性分析，设计风格的定位。

本书在编排过程中按照设计知识的学习要求，从一般基础开始，到家居空间的设计，再到各种工程空间的设计，这对培养学生的艺术设计具有一定的帮助。通过基础软件的学习，学生可以进行简单的家居空间设计，进而延伸到各种工程空间设计，由简入繁，循序渐进，同时重视对学生制图的规范进行培养。

本书编著团队是由从事一线艺术设计教学工作的骨干教师组成，他们具有扎实深厚的理论功底和丰富的教学经验。团队成员大多参加过一定的社会设计方案的制作，在艺术的表现上重视对学生基础知识的把握，重视各种空间的功能性布置，而且书中后期的设计案例都是在社会上进行呈现的具体案例，也是得到业主认可的。

限于编者水平，书中难免有不足之处，恳请广大读者批评指正。

编　者

2016 年 3 月

目录

第 2 部分　案例设计

第1部分 1 室内设计基础软件

第1章 CAD绘制室内设计图

1.1 制图标准

1.1.1 图纸大小

（1）图幅即图纸幅面，指图纸的尺寸大小，以幅面代号 A0、A1、A2、A3、A4 区分。

（2）图纸幅面及图框尺寸应符合表 1-1 中的规定及图 1-1 ~ 1-4 的格式。

表 1-1 幅面尺寸表 单位：mm

幅面 尺寸代号	A0	A1	A2	A3	A4
$b \times l$	841 × 1189	594 × 841	420 × 594	297 × 420	210 × 297
c	10			5	
a	25				

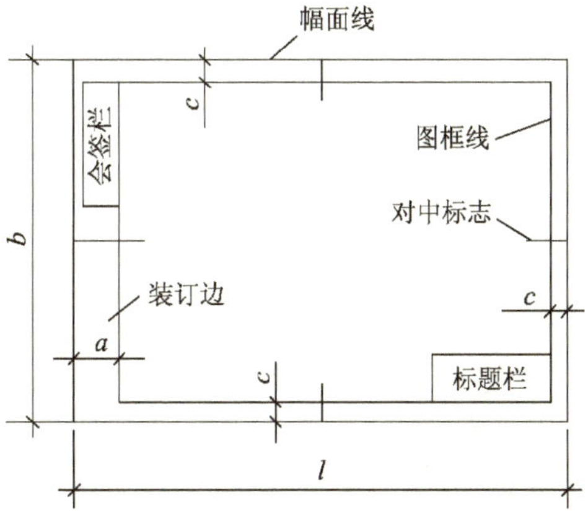

图 1-1 横式幅面

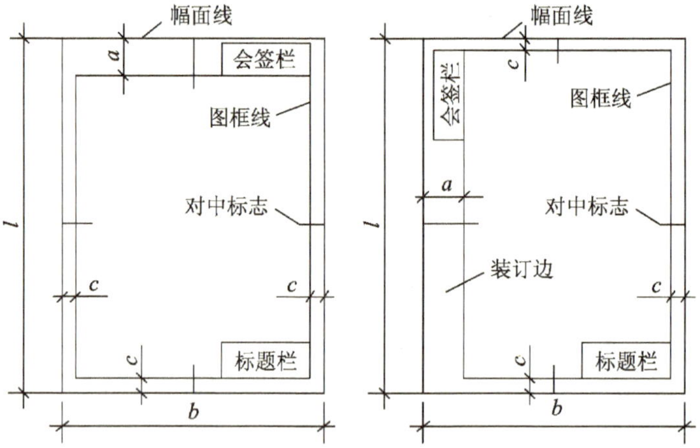

(a) A1~A3立式幅面　　(b) A4立式幅面

图 1-2　立式幅画

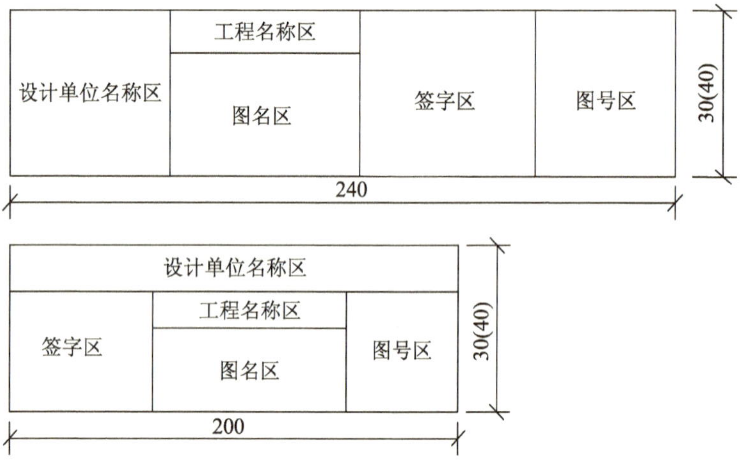

图 1-3　标题栏(单位:mm)

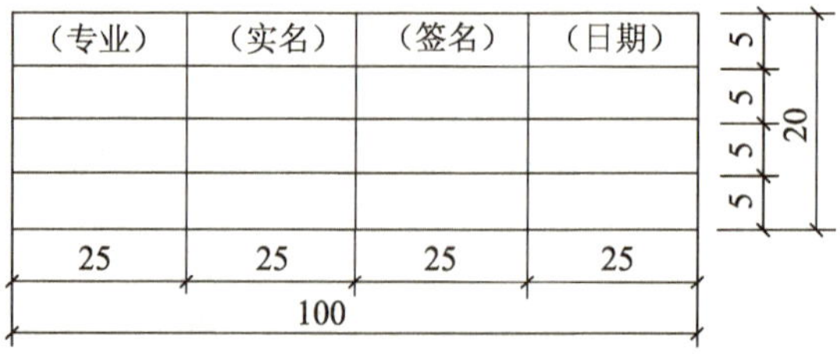

图 1-4　会签栏(单位:mm)

(3) 对于需要缩微复制的图纸,其中一边应附有一段准确米制尺度,四边附有对中标志,米制尺度的总长应为100 mm,分格应为10 mm。对中标志应画在图纸各边长的中点处,线宽0.35 mm,伸入框内5 mm。

（4）必要时图纸的长边可按表 1-2 所示内容加长，短边一般不应加长。

表 1-2　图纸长边加长后的尺寸　　单位：mm

幅面尺寸	长边尺寸	长边加长后尺寸
A0	1189	1486　1635　1783　1932　2080　2230　2378
A1	841	1051　1261　1471　1682　1892　2102
A2	594	743　891　1041　1189　1338　1486　1635　1783　1932　2080
A3	420	630　841　1051　1261　1471　1682　1892

建筑装饰装修设计图以 A3 为主，设计修改通知单以 A4 为主。

（5）图纸以短边作为垂直边称为横式，以短边作为水平边称为立式。一般 A0 ~ A3 图纸宜采用横式，必要时，也可采用立式。

（6）建筑装饰装修设计中，各专业所使用的图纸，一般不宜多于两种幅面。

1.1.2　图线

图线是制图最基本、最重要的知识。图线的核心内容是线型和线宽两个元素。它是表达设计思想的基本语言，设计者必须熟练掌握各种线型和线宽所表达的内容。

线型有标准实线、细实线、中实线、粗实线、折断线、点划线、虚线等。图线的宽度宜从下列线宽中选取：轮廓墙体结构线 0.35 ~ 0.40 mm、门窗 0.13 ~ 0.25 mm、家具 0.09 ~ 0.13 mm、尺寸标注 0.05 ~ 0.09 mm、图案填充 0.05 mm。每个图样应根据复杂程度与比例大小，先选定基本线宽 b，再选用相应的线宽组。

1.1.3　比例

绘制施工图时，针对图样的用途和复杂程度，选用表 1-3 中常用比例，特殊情况下也可选用可用比例。当结构构件纵、横向断面尺寸相差悬殊时，也可在同一详图中选用不同比例。

表 1-3　施工图常用比例

图　　名	常 用 比 例	可 用 比 例
总平面图	1 : 500，1 : 1000	1 : 2000
平面图、立面图、剖面图（适用于室内设计）	1 : 50，1 : 100，1 : 200	1 : 150，1 : 300
详图（适用于室内设计）	1 : 10，1 : 20，1 : 50	1 : 5，1 : 25，1 : 30，1 : 40

1.1.4　图纸编排顺序

（1）当建筑装饰装修工程含设备设计时，图纸的编排顺序应按内容的主次关系、逻辑关系有序排列，通常以建筑装饰装修图、电气图、暖通空调图、给水排水图等先后为序。标题栏中应含各专业的标注，如饰施、电施、设施、水施等。

（2）建筑装饰装修工程图一般按图纸目录、设计说明、总平面、平面布置图、顶棚布置图、立面图、大样图的顺序排列。

(3) 各楼层平面的排列一般按自下而上的顺序排列，某一层的各局部的平面一般按主次区域和内容的逻辑关系排列，立面应按所在空间的方位或内容区别表示。

1.1.5 组成分类

装饰工程施工图一般由装饰设计说明、平面布置图、楼地面平面图、天花布置图、室内立面图、墙（柱）面装饰剖面图、装饰详图等图样组成，其中设计说明、平面布置图、楼地面平面图、天花布置图、室内立面图为基本图样，表明装饰工程内容的基本要求和主要做法；墙（柱）面装饰剖面图、装饰详图为装饰施工的详细图样，用于表明细部尺寸、凹凸变化、工艺做法等。图纸按上述顺序编排。

1.2 装饰施工图识图方法和步骤

1.2.1 平面布置图

平面布置图是装饰施工图中的主要图样，它是根据装饰设计原理、人体工学及用户的要求画出的用于反映建筑平面布局、装饰空间及功能区域的划分、家具设备的布置、绿化及陈设的布局等内容的图样，是确定装饰空间平面尺度及装饰形体定位的主要依据。

1. 平面布置图的形成与表达

平面布置图是假想用一个水平剖切平面，沿着每层的门窗洞口位置进行水平剖切，移去剖切平面以上的部分，对以下部分所做的水平正投影图。剖切位置选择在每层门窗洞口的高度范围内，剖切位置不必在室内立面图中指明。平面布置图与建筑平面图一样，实际上是一种水平剖面图，但习惯上称为平面布置图，其常用比例为 1∶50，1∶100 和 1∶150。

平面布置图中剖切到的墙、柱轮廓线等用粗实线表示；未剖切到但能看到的内容用细实线表示，如家具、地面分格、楼梯台阶。在平面布置图中门扇的开启线用细实线表示。

2. 平面布置图的识读

平面布置图的识读步骤如下：先浏览平面布置图中各房间的功能布局、图样比例等，了解图中基本内容；注意各功能区域的平面尺寸、地面标高、家具及陈设等的布局；理解平面布置图中的内视符号；识读平面布置图中的详细尺寸。

平面布置图决定室内空间的功能及流线布局，是顶棚设计、墙面设计的基本依据和条件。平面布置图确定后再设计楼地面平面图、天花布置图、墙（柱）面装饰立面图等图样。

现以图 1-5 某住宅装饰设计平面布置图为例加以说明。

(1) 浏览平面布置图中各房间的功能布局、图样比例等，了解图中基本内容。从图中看到室内房间布局主要有北侧的客厅、卧室、书房、阳台，南侧的餐厅、厨房、衣帽间及卫生间等功能区域，此图比例为 1∶50。

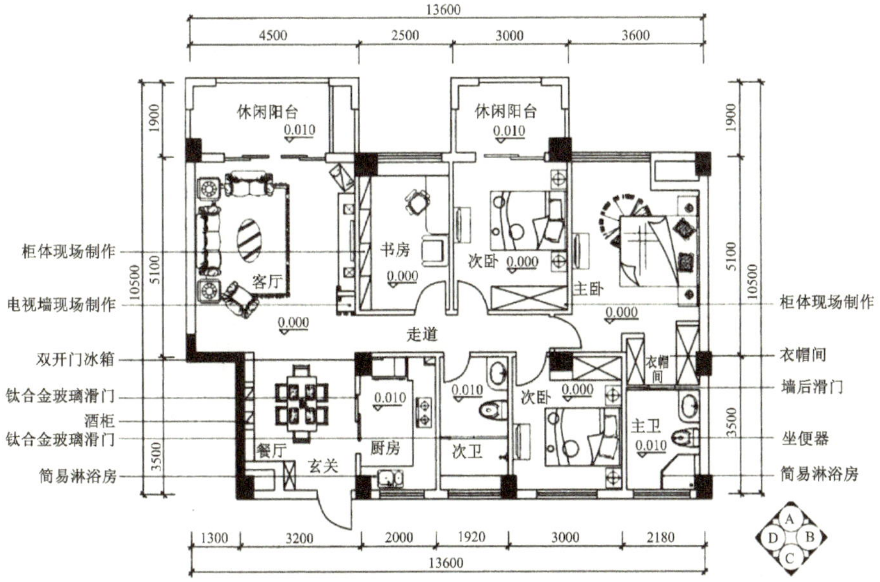

图 1-5　某住宅装饰平面布置图(1∶50)

(2) 注意各功能区域的平面尺寸、地面标高、家具及陈设等的布局。客厅是住宅布局中的主要空间,图中的客厅开间 4500 mm,进深 5100 mm,布置有电视柜、沙发、茶几、边柜等家具,并与餐厅相连,客厅地面高低 ±0.000。图中空间流线清晰,布局合理。在平面布局中,家具、绿化、陈设等应按比例绘制,一般选用细线表示。与客厅联通的空间是餐厅、玄关及休闲阳台,空间贯通且视线开阔。

图中餐厅设有酒水柜,布置 6 人餐桌。书房设有写字台、书柜、椅子及沙发等家具。厨房中的虚线表示燃气灶上方的吊柜,灶台右侧设有洗菜池。厨房、卫生间比书房、餐厅等地面低 0.01 m(用 -0.010 表示)。

(3) 理解平面布置图中的内视符号。为表示室内立面图中的位置及名称,内视符号通常画在平面布置图的房间地面上,有时也可画在平面布置图外(如图名的附近),表示该平面布置图所反映的各房间室内立面图的名称,并按此符号进行编码。内视投影编号宜用拉丁字母或阿拉伯数字按顺时针方向写在直径为 8 ~ 12 mm 的细实线圆圈内。

(4) 识读平面布置图中的详细尺寸。在装饰平面布置图中,外围的标注无法精确到表达设计尺寸,所以一般应在单独的图纸上标明建筑内部墙体改造后的尺寸,以及固定家具的尺寸,如图 1-6 所示。

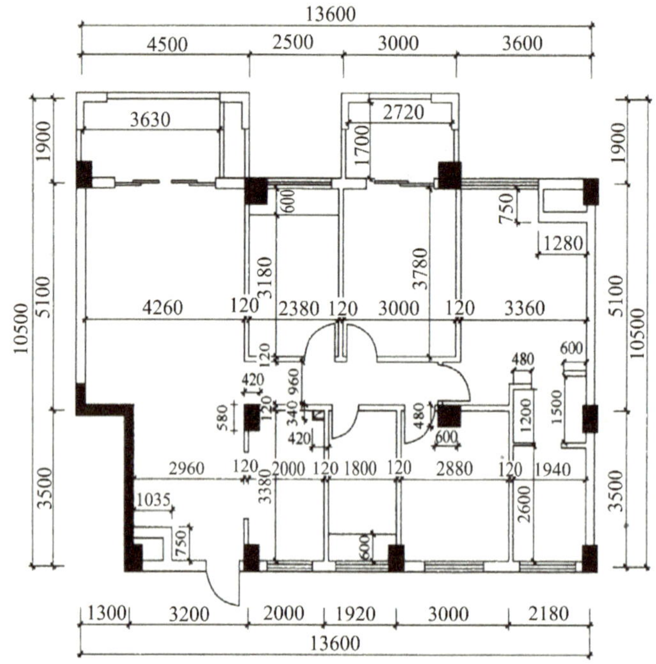

图 1-6　某住宅装饰平面尺寸图(1∶50)

3. 平面布置图的内容

① 建筑平面图的基本内容包括墙柱与定位轴线、房间布局及名称、门窗位置及编号、门的开启方向等;

② 室内楼(地)面标高;

③ 室内固定家具、活动家具、家用电器等的位置;

④ 装饰陈设,绿化美化等位置及图例符号;

⑤ 室内立面图的内视投影符号(按顺时针从上至下在圆圈中编号);

⑥ 室内现场制作家具的定型,定位尺寸;

⑦ 房屋外围尺寸及轴线编号等;

⑧ 索引符号,图名及必要的说明等。

4. 平面布置图的画法

装饰工程施工图与建筑施工图的画法步骤基本相同,所不同的是平面布置图的造型做法及构造细节在表达上的细化及做法的多样性。如装饰平面布置图是在建筑平面图的基础上进行墙面造型的位置设计、家具布置、陈设布置、地面分格及拼花布置的图样,它必须以建筑平面图为条件进行设计、制图。

在平面布置图中家具、陈设、绿化等要以设计尺寸按比例绘制,并考虑它们所营造的空间效果及使用功能,而这些内容在建筑平面图上一般不需要表示。装饰施工通常在建筑工程粗装修完成后进行,此时建筑结构已经形成,所以有些尺寸在装饰施工图上可以省略，并突出装饰设计的内容。

绘图步骤如下：

（1）画出建筑主体结构，标注其开间、进深、门窗洞口等尺寸，标注楼地面标高；

（2）画出各功能空间的家具、陈设、隔断、绿化等的形状、位置；

（3）标注装饰尺寸，如隔断、固定家具、装饰等的造型、定位尺寸；

（4）绘制内视投影符号、详图索引符号等；

（5）注写文字说明、图名比例等；

（6）检查并加深、加粗图线，剖切到的墙柱轮廓、剖切符号用粗实线，未剖到但能看到的图线，如门扇开启符号、窗户图例、楼梯踏步、室内家具及绿化等用细实线表示；

（7）完成作图。

1.2.2 地面铺装图

1. 地面铺装图的形成与表达

地面铺装图的形成与平面布置图一样，所不同的是地面铺装图不画活动家具及绿化等布置，只画出地面的装饰分格，标注地面材质、尺寸、颜色和地面标高等。

地面铺装图的常用比例为 1∶50，1∶100，1∶150。图中的地面分格采用细实线表示，其他内容按平面布置图要求绘制。

2. 地面铺装图的识读

从图 1-7 中可以得知：客厅、餐厅为 800 mm×800 mm 玻化砖铺贴，过道边上采用了啡网纹石材边带造型；厨房、卫生间铺贴 300 mm×300 mm 防滑地砖；书房与卧室采用的是仿实木地板。另外，如果地面铺贴及造型有特殊要求，可在图中做详图索引，另附图纸反映其做法。

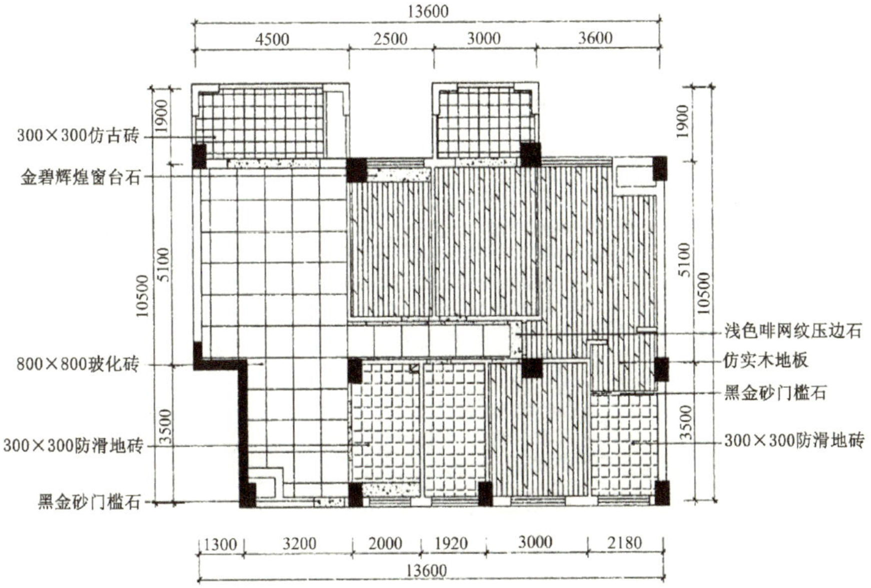

图 1-7 某住宅装饰地面铺装图(1∶50)

3. 地面铺装图的图示内容

地面铺装图主要以反映地面装饰分格、材料选用为主，图示内容如下：

① 建筑平面图的基本内容；

② 室内楼地面材料选用、颜色与分格尺寸及地面与示高等；

③ 楼地面拼花造型；

④ 索引符号、图名及必要的说明。

4. 地面铺装图的画法

楼地面铺装图的面层分格线用细实线画出，用于表示地面施工时的铺装方向。对于台阶和其他凹凸变化等特殊部位，还应画出剖面（或断面）符号。

（1）画出建筑主体结构，标注其开间、进深、门窗洞口等尺寸；

（2）画出楼地面面层分格线和拼花造型等（家具、内视投影符号等省略不画）；

（3）标注分格和造型尺寸，材料不同时用图例区分，并加引出说明，明确做法；

（4）细部做法的索引符号、图名比例；

（5）检查并加深、加粗图线，楼地面分格用细实线表示；

（6）完成作图。

1.2.3 天花布置图

1. 天花布置图的形成和表达

天花布置图是以镜像投影法画出的反映顶棚平面形状、灯具位置、材料选用、尺寸标高及构造做法等内容的水平镜像投影图，是装饰施工的主要图样之一。它是假想以一个水平剖切平面沿顶棚下方门窗洞口位置进行剖切，移去下面部分后对上面的墙体、顶棚所作的镜像投影图。

天花布置图的常用比例为1：50，1：100，1：150。在天花布置图中剖切到的墙柱用粗实线表示，未剖切到但能看到的顶棚、灯具、风口等用细实线表示。

2. 天花布置图的识读步骤

（1）在识读天花布置图前，应了解顶棚所在房间平面布置图的基本情况；

（2）识读顶棚造型、灯具布置及其地面标高；

（3）明确顶棚尺寸、做法；

（4）注意图中各窗口有无窗帘及窗帘盒做法，明确其尺寸；

（5）识读图中有无与顶棚相接的吊柜、壁柜等家具；

（6）识读天花布置图中有无顶角线做法，明确尺寸；

（7）注意室外阳台、雨篷等处的吊顶做法与标高。

现以图1-8为例说明天花布置图的识读方法和步骤。

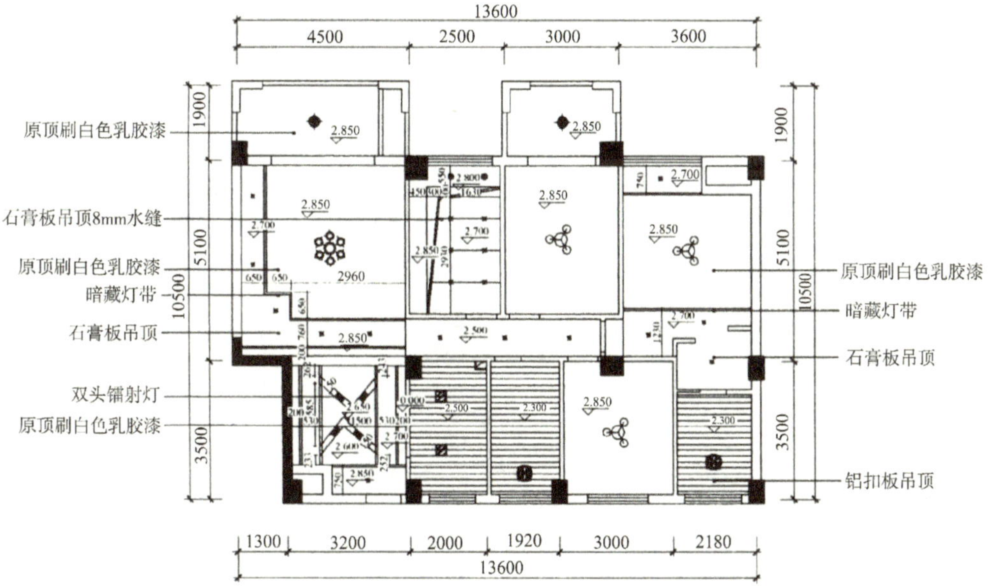

图 1-8　某住宅装饰天花布置图(1∶50)

(1) 在识读天花布置图前,应了解顶棚所在房间平面布置图的基本情况。因为在装饰设计中,平面布置图的功能分区、交通流线及尺度等与顶棚的形式、地面标高、选材等有着密切的关系。只有了解平面布置,才能读懂天花布置图。图 1-8 反映的是某住宅顶棚布置的图样。

(2) 识读顶棚造型、灯具布置及其底面标高。顶棚造型是顶棚设计中的重要内容。顶棚有直接顶棚和悬吊顶棚(简称吊顶)两种。从空间利用到意境塑造,设计者都必须予以充分考虑。吊顶有分叠级吊顶和平吊顶两种形式。

顶棚的底面标高是指顶棚装饰完成后的表面高度,相当于该部位的建筑标高。但为了便于施工和识读,习惯上将顶棚底面标高(其他装饰体标高亦同此)都按所在楼层地面的完成面为起点进行标注。如图 1-8 中的“2. 850”标高即从客厅一层地面到顶棚最高处(直接顶棚)的距离(单位为 m),“2. 700”标高处为吊顶做法。图中央为吊灯符号,在周边吊顶内的小圆圈表示筒灯,虚线部分表示吊顶内的漫反射灯槽。

(3) 明确顶棚尺寸、做法。图 1-8 中客厅“2. 700”标高为吊顶顶棚标高,吊顶宽为 650 mm,做法为轻钢龙骨纸面石膏板饰面、刮白后罩白色乳胶漆。内侧虚线代表隐藏的灯槽板,其中设有 LED 灯带,外侧一条细实线代表吊顶顶檐口有两步叠级造型。从图 1-8 中可以看出餐厅吊顶为多级吊顶。

图 1-8 右侧书房为二级吊顶(均为平顶),一级吊顶标高 2. 700 m,二级顶标高 2. 800 m;图中细实线为石膏板吊顶 8 mm 水缝,粗实线为吊顶后的轮廓线。

厨房顶棚为平吊顶,做法为轻钢龙骨铝扣板吊顶,顶棚上有两盏吸顶灯,完成面标高为 2. 500 m。卫生间吊顶标高 2. 300 m,做法为长条铝扣板。

(4) 注意图中的各窗口有无窗帘及窗帘盒做法,明确尺寸。

(5) 识读图中有无与顶棚相接的吊柜、壁柜家具。若顶棚处有吊柜,则图中应用打叉符号表示。

(6) 识读天花布置图中有无顶角线做法。

顶角线是顶棚与墙面交处的收口做法,有此做法时应在图中反映。在图 1-8 中,除厨房卫生间外阴角的做法皆为直角,表面白色乳胶漆饰面。

1.2.4 室内立面图

室内立面图是将房屋的室内墙面按内视投影符号的指向,向直立投影面所在的正投影图。它用于反映室内空间垂直方向的装饰设计形式、尺寸与做法、材料与色彩的选用等内容,是装饰工程施工图中的主要图样之一,是确定墙面做法的主要依据。房屋室内立面的名称,应根据平面布置图中内视投影符号的编号或字母确定。

室内立面图应包括投影方向可见的室内轮廓线和装饰构造、门窗、构配件、墙面做法、固定家具、灯具等内容及必要的尺寸和标高,并需表达非固定家具、装饰物件等情况。室内立面图的顶棚轮廓线,可根据情况表达吊顶或同时表达吊顶及结构顶棚。

室内立面图的外轮廓用粗实线表达,墙面上的门窗及凸凹于墙面的造型用中实线表示,其他图示内容、尺寸标注、引出线等用细实线表示。室内立面图一般不画虚线。

室内立面图的常用比例为 1∶50,可用比例为 1∶30,1∶40 等。

室内墙面除相同者外一般均需要立面图,图样的命名、编号应与平面布置上的内视符号的编号相一致,内视符号决定室内立面图的识读方向,同时也给出了图样的数量。

室内立面图识读方法和步骤如下:

(1) 首先确定要读的室内立面图所在房间位置,按房间顺序识读室内立面图;

(2) 在平面布置图中按照内视符号的指向,从中选择要读的室内立面图;

(3) 在平面布置图中明确该墙面位置有哪些固定家具和室内陈设等,并注意其定形、定位尺寸,做到对所读墙(柱)面布置的家具、陈设等有基本了解;

(4) 浏览选定的室内立面图,了解所读立面的装饰形式及其变化;

(5) 详细识读室内立面图,注意剖面装饰及装饰面的尺寸、范围、选材、颜色及相应做法;

(6) 查看立面标高、其他细部尺寸、索引符号等。

1.2.5 墙(柱)面装饰剖面图

墙(柱)面装饰剖面图是用于表示装饰墙(柱)面从本层楼(地)面到本层顶棚的竖向构造、尺寸与做法的施工图样。该图是假想用竖向剖切平面,沿着需要表达的墙(柱)面进行剖切,移去介于剖切平面和观察者之间的墙(柱)体,对剩下部分所做的竖向剖面图。

墙(柱)面装饰剖面通常由楼(地)面与踢脚线节点、墙(柱)面节点、墙(柱)顶部节点组成,反映墙(柱)面造型沿竖向的变化、材料选用、工艺要求、色彩设计、尺寸标高等。墙(柱)面装饰剖面图通常选用 1∶10,1∶15,1∶20 等比例绘制。

墙(柱)面装饰剖面的剖切符号应绘制在室内立面图的相应位置上。墙(柱)面装饰剖面主要用于表达室内的构造,着重反映墙(柱)面图在分层做法、选材、色彩上的要求。墙(柱)面装饰剖面还应反映装饰基层的做法、选材等内容,如墙面防潮处理、木龙骨架、基层板等。当构造层次复杂、凸凹变化及线脚较多的时候,还应配置封层构造说明、画出详图索引,另配详图加以表达。识读的时候应注意墙(柱)面各节点凸凹变化、竖向设计尺寸与各部位标高。

1.2.6 装饰详图

1. 装饰详图的分类

(1) 墙(柱)面装饰剖面图。主要用于表达立面的构造,着重反映墙(柱)面在分层做法、选材、色彩上的要求。

(2) 顶棚详图。主要用于反映吊顶构造、做法的剖面图或断面图。

(3) 装饰造型详图。独立的或依附于墙柱的装饰造型等的平、立、剖面及线脚详图。

(4) 家具详图。主要指需要现场制作、加工、油漆的固定式家具,如衣柜、书柜、储藏柜等,有时包括可移动家具如床、书桌、展示台等。

(5) 装饰门窗及门窗套详图。门窗是装饰工程中的主要施工内容之一,其形式多种多样,在室内起分隔空间、烘托装饰效果的作用,它的样式、选材和工艺做法在装饰图中有特殊效果的地位,其图样有门窗及门窗套立面图、剖面图和节点详图。

(6) 楼地面详图。反映地面的艺术造型及细部做法等内容。

(7) 小品及饰物详图。包括雕塑、水晶、指示牌、织物等的制作图。

2. 装饰详图的识读

室内装饰空间通常有 3 个基面组成:顶棚、墙面、地面。这 3 个基面经过装饰设计师的精心设计,再配置风格协调的家具、绿化与陈设等,营造出特定的气氛和效果。这些气氛和效果的营造必须通过细部做法及相应的施工工艺才能实现,实现这些内容的重要技术文件就是装饰详图。

3. 装饰详图的图示内容

当装饰详图所反映的形体的体量和面积较大、造型变化较多时,通常需先画出平、立、剖面来反映装饰造型的基本内容,例如准确的外部形状、凸凹变化、与结构的连接方式、标高、尺寸等。选用比例一般为 1:10~1:50,有条件时平、立、剖面图应画在一张纸上。当该形体按上述比例画出的图样不够清晰时,需要选择 1:1~1:10 的大比例绘制。当装饰详图较简单时,可只画其平面图、断面图(如地面装饰详图)。

装饰详图图示内容一般包括以下几点:

① 装饰形体的建造方式;

② 造型样式、材料选用、尺寸标高;

③ 所依附的建筑结构材料、连接做法,如钢筋混凝土与木龙骨、轻钢型龙骨等内部骨架的连接图示(剖面或断面图),选用标准图时应加索引;

④ 装饰体基层板材的图示(剖面或断面图),如石膏板、木工板、多层夹板、密度板、水泥压力板等用于找平的构造层次(通常固定在骨架上);

⑤ 装饰面层、胶缝及线脚的图示(剖面或断面图),复杂线脚及造型等还应绘制大样图;

⑥ 色彩及做法说明、工艺要求;

⑦ 索引符号、图名、比例等。

1.3 建筑装饰设计制图与标准图例

一般规定如下。

1. 图样的比例

图样比例见表 1-3。

2. 图例的符号

装饰工程施工图的图例符号应遵守《房屋建筑制图统一标准》(GB/T 50001—2001)的有关规定,对其尺寸比例不作具体规定。使用时应根据图样大小而定,并应注意下列事项:

① 图例线间隔均匀,疏密适度,做到图例正确,表示清楚;

② 不同品种的同类材料使用同一图例时(如某些特定部位的石膏板必须注明是防水石膏板)应在图上附加必要的说明;

③ 两个相邻的图例相接时,图例线宜错开或使倾斜方向相反;

④ 两个相邻的涂黑图例(如混凝土、金属件)间,应留有空隙,其宽度不得小于 0.7 mm。

下列情况可不加图例,但应加文字说明,具体如下:

① 一张图纸内的图样只用一种图例;

② 图形较小无法画出建筑材料图例;

③ 需画出的建筑材料图例面积过大时,可在断面轮廓线内标示;

④ 当选用国家制图标准中未包括的建筑材料时,可自编图例,但不得与国家制图标准所列的图例重复,且绘制时应在适当位置画出该材料图例,并加以说明。

1.4 CAD 绘制室内设计图概述

在建筑装潢图中,与建筑装潢直接相关的有平面布置图、地面铺装图、天花布置图、立面图、水电施工图及各类门窗施工图。对于住宅建筑来讲,由于其建筑面积较小,工程项目施工相对简单,图样的数量相对少一些。

在住宅建筑装潢图纸中,室内平面图用来表达住宅建筑整体布局,通常来讲是指住宅空间布局、家具布置及地面材质的铺装。天花布置图主要表达顶棚结构的造型、材料、构成形式和工艺做法、灯具安装位置及材料特征。本节将向读者介绍室内平面图中客厅平面图、套房平面图、地面铺装图、平面布置图、客厅天花布置图和立面图的绘制。

1.4.1 室内平面图

新建图形文件,在“图层”工具栏中单击“图层管理器”按钮,打开“图层特性管理器”选项板。建立多个图层,名称分别为“轴线”、“标注”、“地面铺装”、“吊顶”、“墙与门窗”和“辅助线”。除“轴线”图层之外,其他图层的线型都设置为默认的连续实线(见图1-9)。

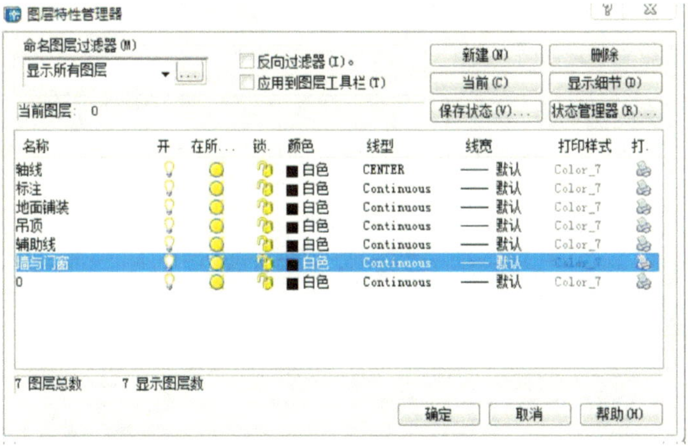

图1-9 图层特性管理器

建立好图层后选择“轴线”图层,使用“L”直线命令绘制轴线。

绘制室内平面图的第一步通常是轴线,轴线可为绘制过程提供一个坐标的基准。轴线的线型应该是点划线,有时可将其设置为较浅的颜色以示区分(见图1-10)。

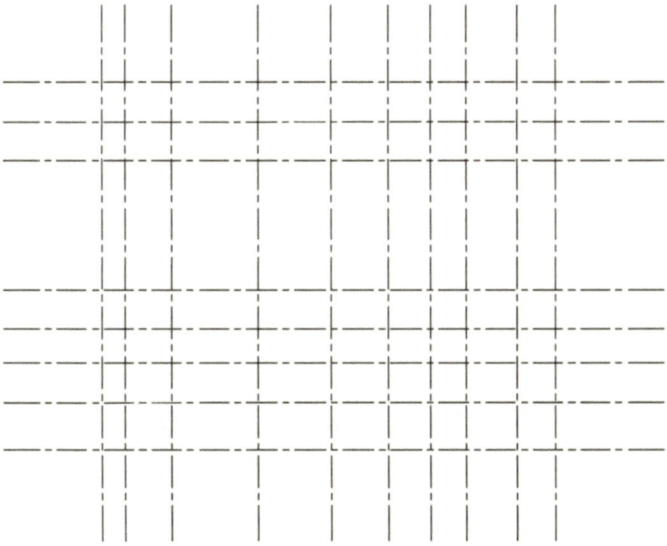

图1-10 轴线

绘制图1-11所示的室内平面图,需要用多线命令绘制墙线,多线编辑命令编辑墙线,并插入门窗图块，绘制、插入家具图块等。

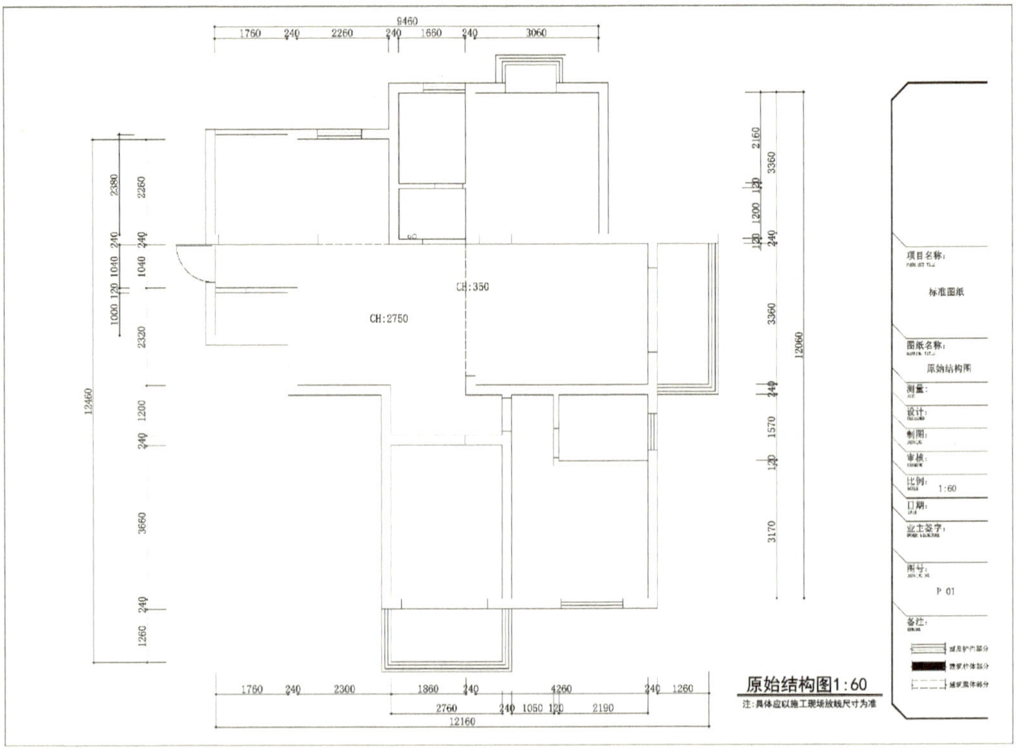

图 1-11　室内平面图

室内设计图中的墙线一般用多线命令和多线编辑命令绘制。当墙线数量很少时，也可以用多段线、直线、偏移、修剪等命令绘制。

建筑制图规范

1. 比例。一般比例为 1∶100，根据实际情况如果需要使用其他比例，可以使用 1∶200，1∶500 或者较大的 1∶1，1∶5，1∶10，1∶20 等，比例写在图名之下。

2. 定位轴线。平面图中凡承重的墙和柱等结构的位置都要有轴线，轴线采用细线绘制。轴线要加编号，以在轴线端部的直径为 8 mm 或 10 mm 的细线圆圈内写数字或字母来提示。

3. 墙、柱的断面形状、线型，以及门窗的规格和型号。平面图上凡是被水平切面剖到的墙、柱等的轮廓线要用粗实线，门和窗则用中粗实线，其余可见的布置图线均为细实线。

在绘制室内平面图时，细节尺寸要根据现场测量的详细尺寸细心绘制，并且要着眼于大线条，不要过分拘泥于小细节。

1.4.2 室内墙体结构拆改图

设计师根据自己的设计构思首先要对户型进行改造，在室内平面图的基础上对墙体进行拆改，但承重墙和承重柱是一定不能拆改的。在拆改图中要对拆改的墙体尺寸进行精确的计算和标注（见图 1-12），然后在此基础上再画一张拆改后的新建墙体图，并标注上新的尺寸（见图 1-13）。

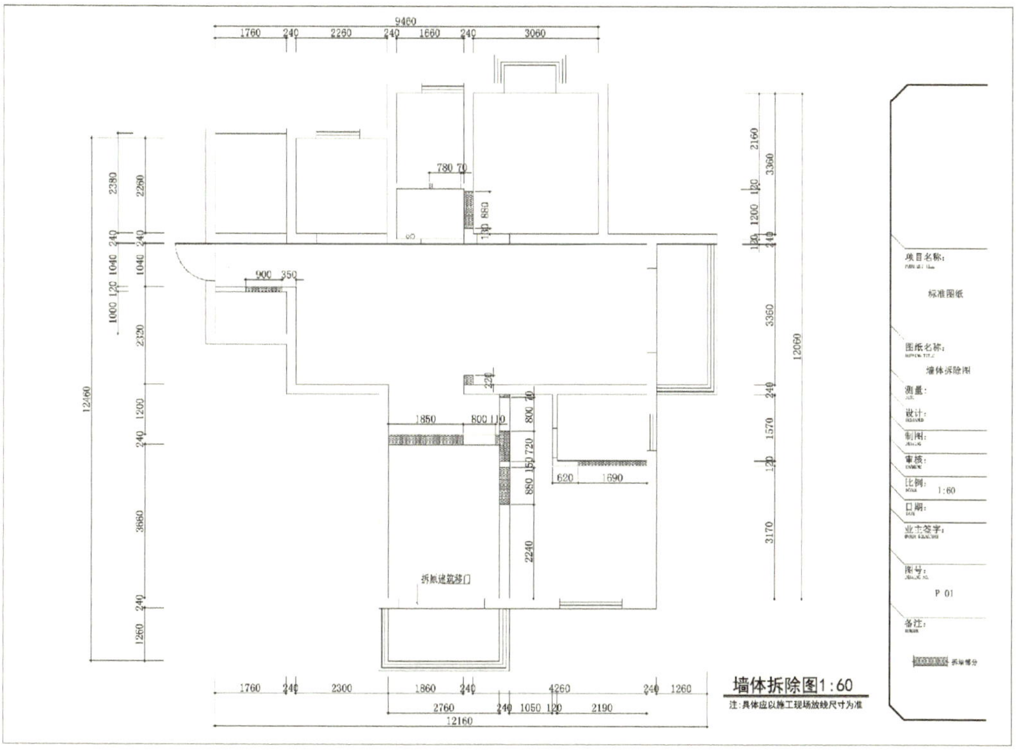

图 1-12 室内墙体拆除图

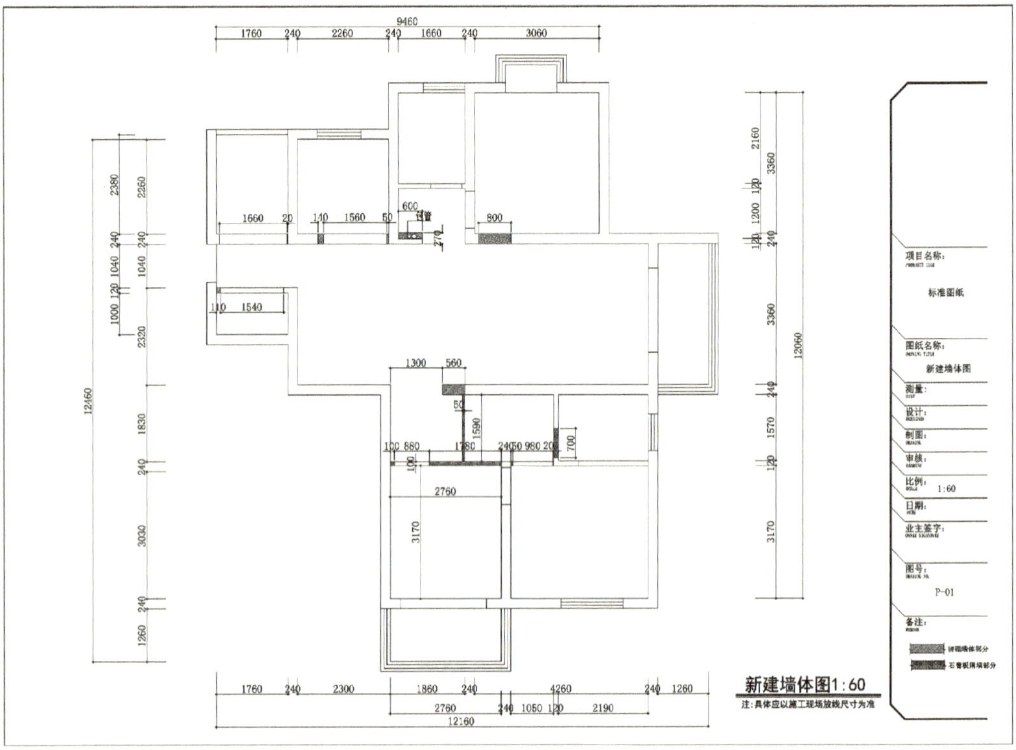

图 1-13 新建墙体图

1.4.3 平面布置图

室内平面布置图是室内设计图的核心,是家居室内设计中最常用的平面图。它实际上就是在室内平面图的基础上,把将要设计的家具陈设和各种室内设施、绿化等的平面图形,画在图样中室内平面图中相应的位置上,所以被称为室内布置图(见图 1-14)。

室内平面布置图中所用到的家具陈设和各种室内设施、绿化等平面图形可以直接调用图库中的模块,但要注意尺寸与细节协调。图库中的模块见图 1-15 示例,图库中的模块是根据物体的实际尺寸绘制出来的,在调用的过程中切不可对尺寸大小进行任意的调整。

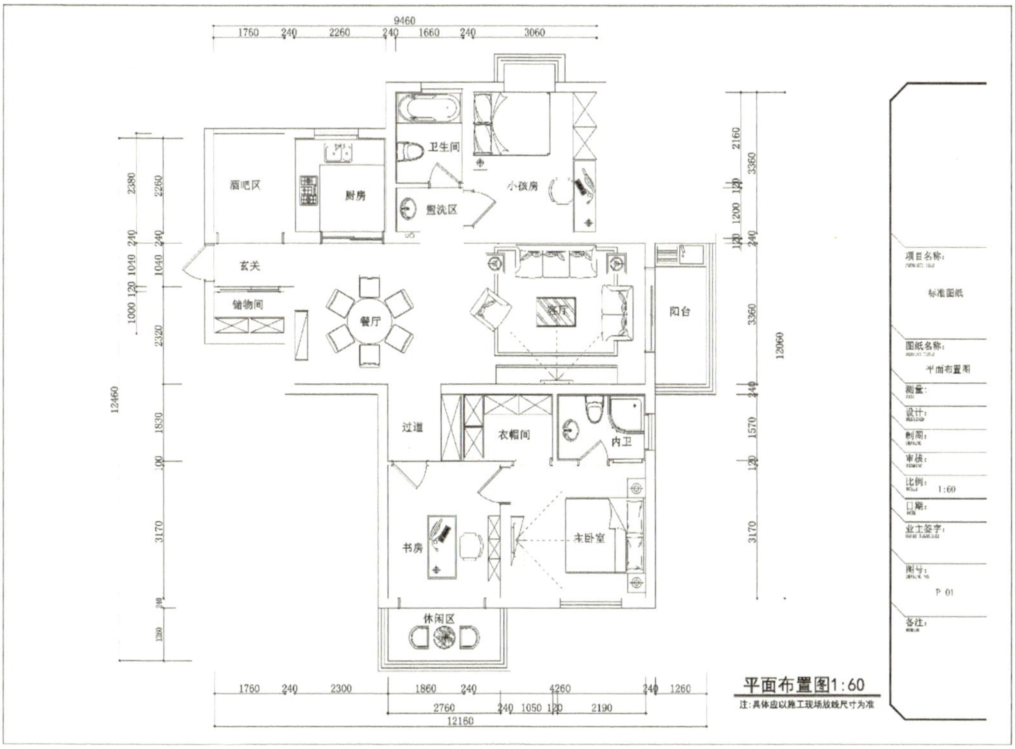

图 1-14　平面布置图

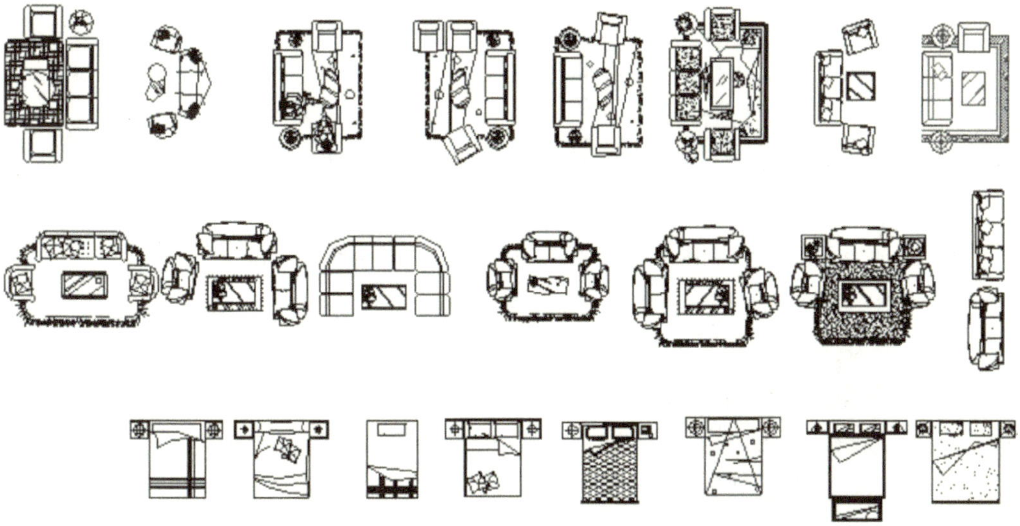

图 1-15　室内设计家具图库示例

使用“插入”|“块”命令，弹出“插入”对话框，在该对话框中已经定义好所有家具和设施图块，在基本图形中插入已定义的各种图块，即完成平面布置图的绘制。

1.4.4 地面铺装图

在室内平面图的基础上删除除墙体、门窗以外的一切图形对象，并在房间边界处绘制隔断线，以便创建各种材质的填充图案，效果如图 1-16 所示。

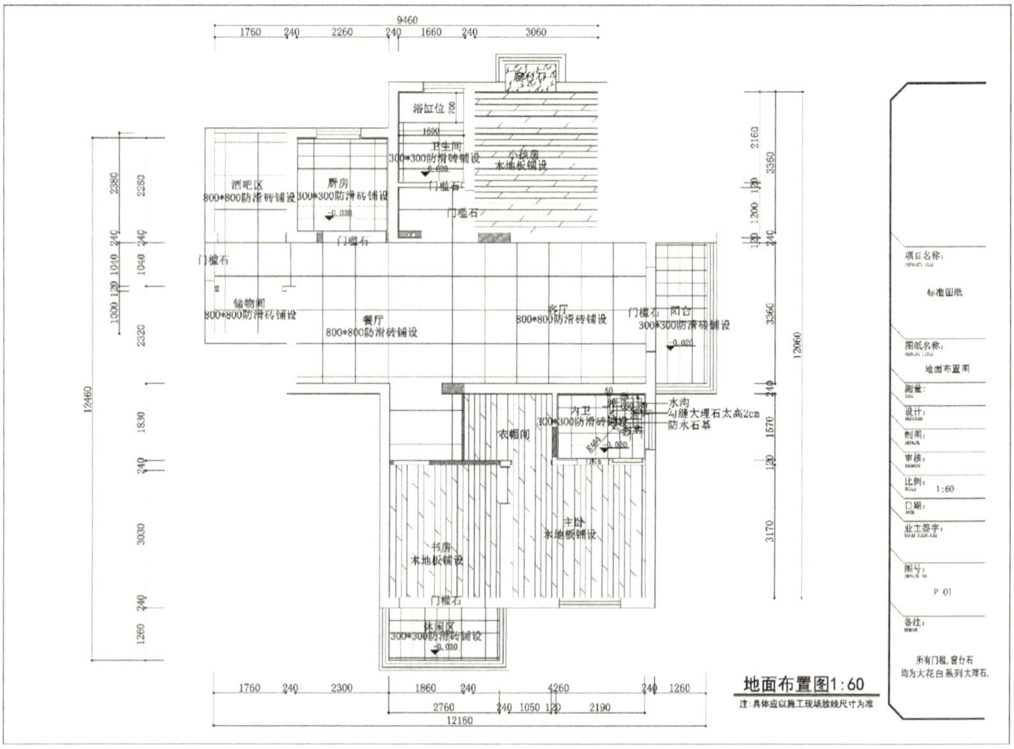

图 1-16　地面布置图

使用文字样式“宋体”，其中字体为宋体，创建房间功能说明和地面材质说明。使用“绘图”|“图案填充”命令，完成地面铺装图的绘制。

1.4.5 天花布置图

设计天花布置图时，室内装潢图中用于表达室内的顶棚结构和布置的图纸，理论上是采用镜像投影法得到的，也就是以地面作为镜面，将顶棚上的结构用俯视图绘制出。这主要是为了表现出顶棚的灯具和吊顶的外观。

复制室内平面图，删除除墙体、门窗以外的一切图形对象，在门洞处绘制墙体线。

绘制吊顶造型前先设置“吊顶”图层为当前图层。

使用“L”直线、“O”偏移、“F”倒角、“REC”矩形等命令绘制吊顶的结构线，使用虚线表示灯带。

在图库中选用合适的灯具图形复制到本图中，调整好位置，使用“I”插入命令，插入标高图块，并设置正确的标高值。

使用“MLD”多重引线命令和“MT”多行文字命令对材料进行标注。

详见如图 1-17 所示的天花布置图。

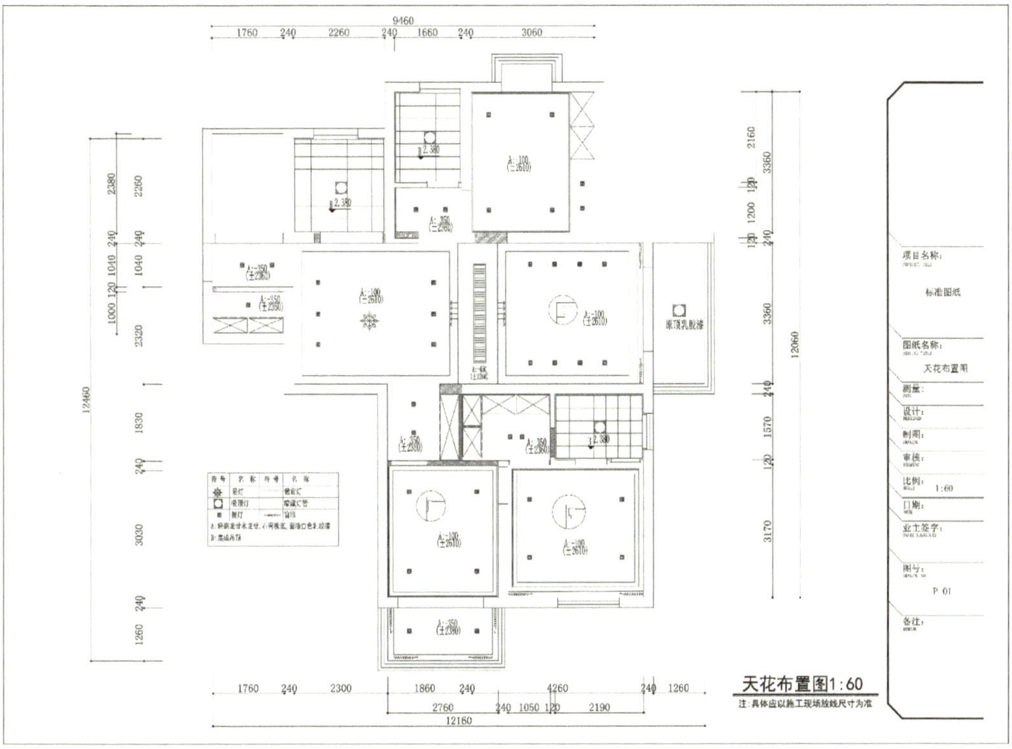

图 1-17 天花布置图

1.4.6 电路系统图

电路系统图能反映室内主电路的分配和电线参数。

首先复制室内平面图，选择其中“墙体和门窗”图层中的全部图形对象，在此基础上绘制电路系统图。

室内的电路系统图给出的是从总进线和配电箱出来之后线路的分配情况，要求满足室内各个房间的照明、电器和插座的供电需要。

室内电路设计分成照明线路和动力线路，照明线路连接室内的照明设施，动力线路连接室内的插座和电器。

根据室内平面布置图和天花布置图的设计，需导入一些电气设备图块绘制电路系统图，在此绘制一个插座示意图以简单示意。

在插座示意图（见图 1-18）中，应详细标注出每一组电气设备的标高尺寸和具体位置尺寸。

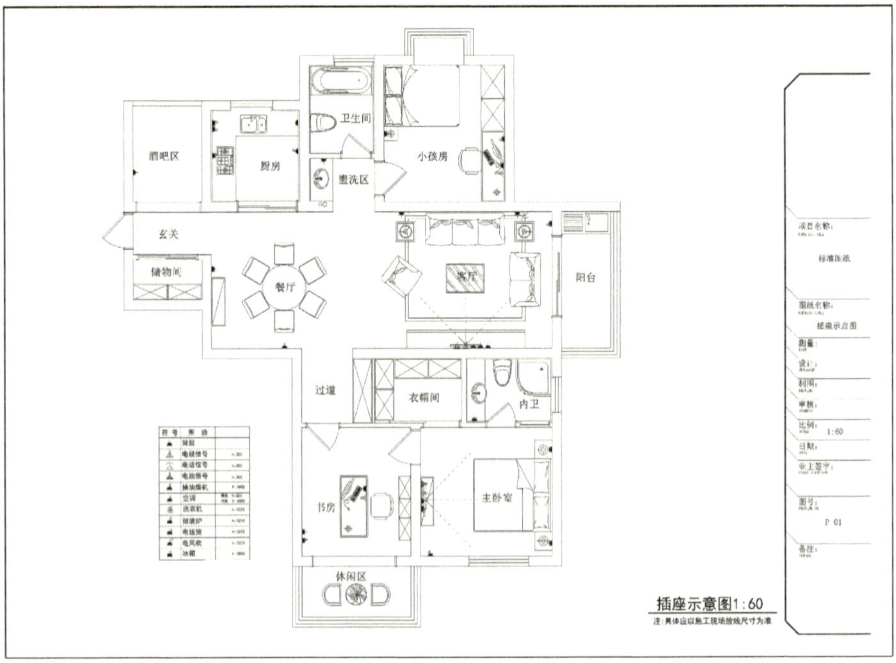

图 1-18 插座示意图

1.4.7 冷热水平面图

绘制冷热水平面图如图 1-19 所示。

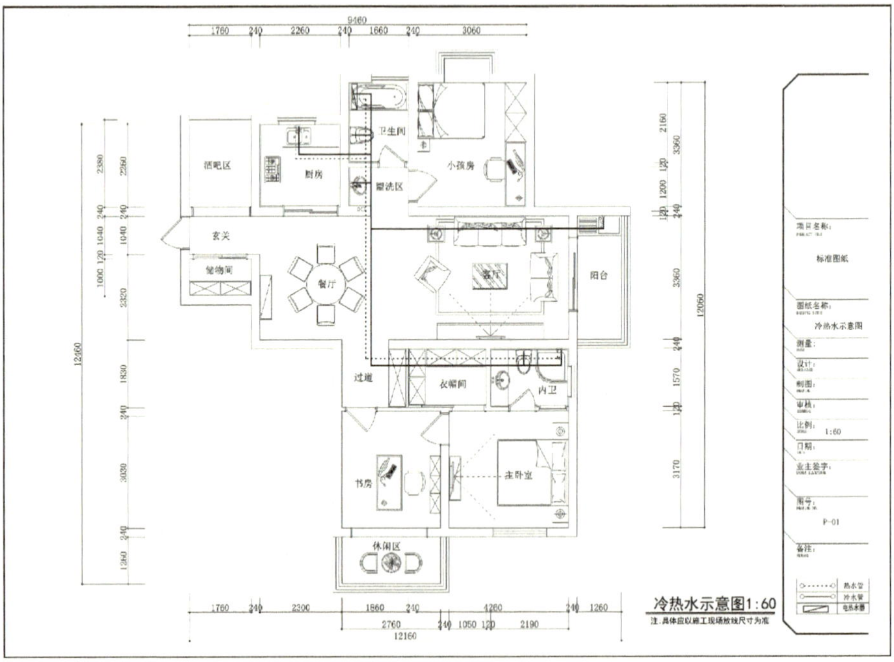

图 1-19 冷热水示意图

1.4.8 室内立面图

建筑立面图是建筑物各个方向的建筑墙面正向投影图，主要有建筑室内立面图和建筑室外立面图两类。室内装饰施工以建筑室内立面图为主要施工依据。

建筑室内立面图多数是以室内墙面的正投影为主，主要表达室内空间中向该建筑界面投影的所有构造和物体的形态。设计的重点是该建筑界面的墙体造型，如表面装饰材料的构成形式、尺寸位置，尤其是高度尺寸要标注详细。家居室内装修立面图中主要的轮廓线应是各种建筑的墙体界面，一般情况下立面图在墙体主要部位的表面不画任何剖面图，以方便施工人员清楚地看到该墙面完整的空间投影，掌握装修施工后的墙体造型与表面装饰效果要求。下面在平面布置图的基础上绘制客厅、卧室和卫生间的主要立面图。

以客厅立面图为例，首先复制客厅放置电视的那一部分墙体、家具和电器，选择对象的时候使用交叉选择，这可能会带入多余的线条，绘制合适的构造线作为剪切边，对复制的图形进行修剪，完成后旋转90°，得到复制部分客厅平面布置图（见图1-20）。

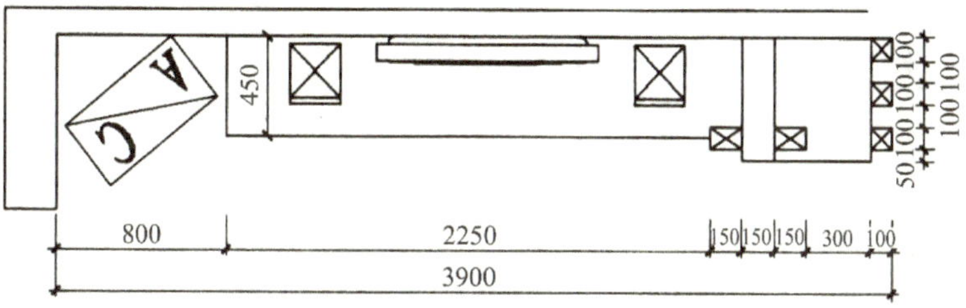

图1-20 复制部分客厅平面布置图

以复制的平面布置图为基础，绘制墙面构造线和创建墙面装饰材料，插入电视机立面图块等。绘制完成后，创建水平和高度方向的尺寸标注，即完成客厅立面图的绘制（见图1-21）。

其他立面图的绘制方法与客厅立面图的绘制大同小异，可根据客厅立面图的方法进行练习绘制。

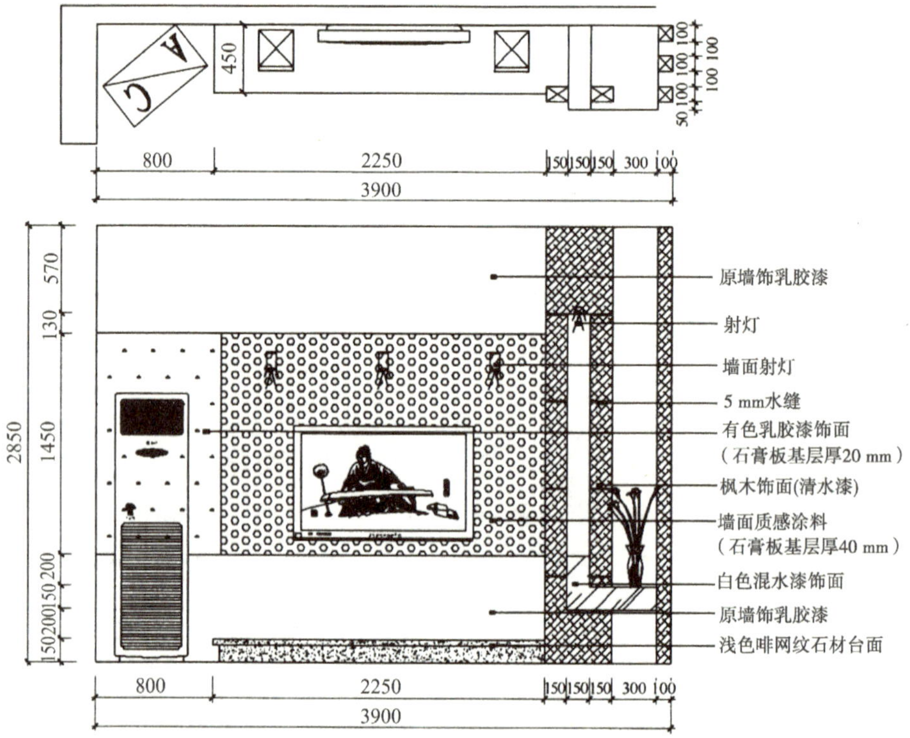
450
100
100
100
100
100
100
50
800
2250
150
150
150
300
100
3900
2850
570
130
1450
200
150
200
150
原墙饰乳胶漆
射灯
墙面射灯
5 mm水缝
有色乳胶漆饰面
（石膏板基层厚20 mm）
枫木饰面(清水漆)
墙面质感涂料
（石膏板基层厚40 mm）
白色混水漆饰面
原墙饰乳胶漆
浅色啡网纹石材台面
800
2250
150
150
150
300
100
3900

图 1-21　客厅立面图

第 2 章　制作效果图的工作流程

2.1　建立模型

首先可以将设计完成的 Auto CAD 图纸导入到 3ds Max 中，以其作为参照以进行准确建模。在制作室内效果图时，先制作该户型的墙面、天花及地面的模型，然后建立相对应的电视背景墙、沙发背景墙、餐厅背景酒柜等装饰造型；在制作室外效果图时，则是对照图纸建立楼体的墙体、楼顶、窗户和装饰线等主体造型。

在 3ds Max 中建立模型有两种方法。

第 1 种是直接使用 3ds Max 建立模型，不过用此方法建立的模型如果对单位把握不准，常常会导致比例失调等问题，因此不提倡使用该方法。

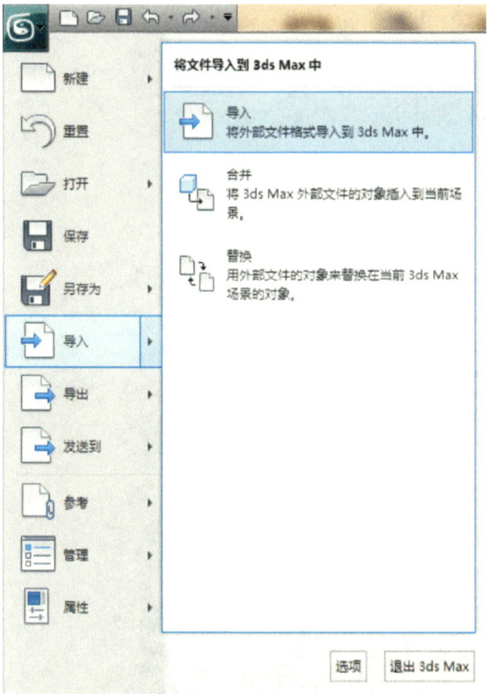

图 2-1　导入 CAD 文件

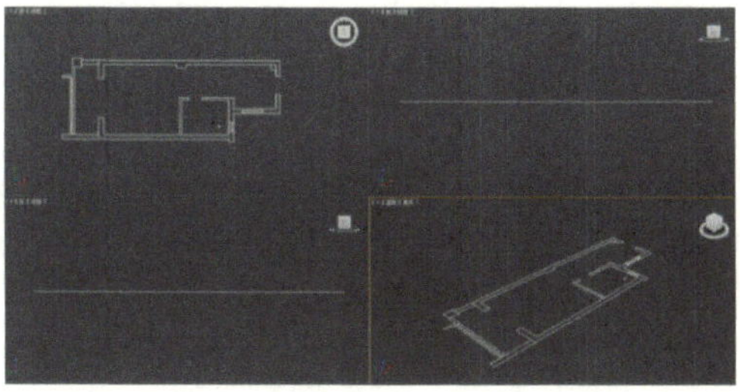

图 2-2　CAD 文件效果

第 2 种方法是在 Auto CAD 软件中绘制出模型的平面图和立面图，然后将其导入 3ds Max 中，通过旋转、移动等操作将不同的图纸进行对齐并作为参照建立模型。这种方法不仅尺寸准确，还可以对照图纸中的家具进行安排布置，极大地提高了制图速度。

以导入的线型作为参考建立三维模型，最后将一些合适的家具、装饰物等合并到场景中，这是一些装饰公司或制图公司最常使用的方法。注意，建立完成一个造型后先不要调制材质，而是为该造型赋予一种颜色以观看效果（最好为该材质球进行命名），这被称为“专业制图模式”。

实例　根据 CAD 图纸制作简单户型图。

（1）单击界面左上角的软件图标，然后在弹出的下拉菜单中单击“导入”图标，并在右侧的列表中单击“导入”选项，接着在弹出的对话框中选择要导入的 dwg 文件，最后单击“打开”按钮（见图 2-1），导入 CAD 文件后效果如图 2-2 所示。

（2）选择所有的线，然后单击鼠标右键，接着在弹出的菜单中选择“冻结当前选择”命令，如图 2-3 所示。

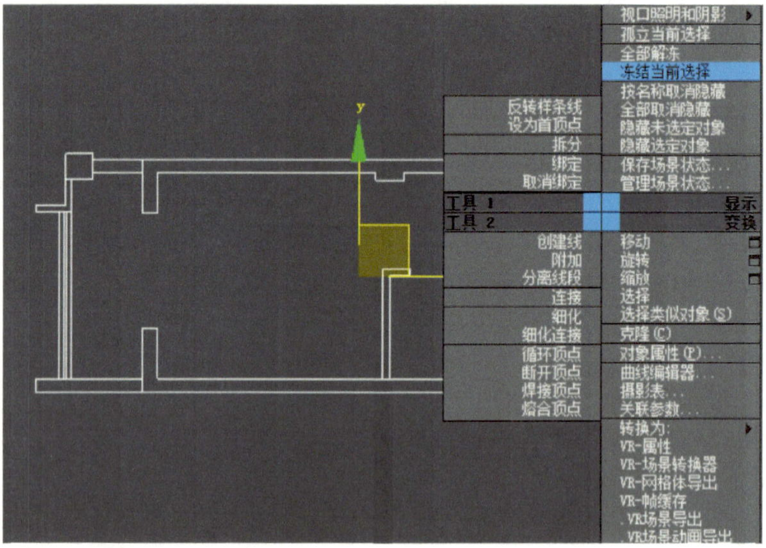

图 2-3　冻结线

（3）在“主工具栏”中的“捕捉开关”按钮上单击鼠标右键，然后在弹出的“栅格和捕捉设置”对话框中单击“捕捉”选项卡，接着勾选“顶点”选项，再单击“选项”选项卡，勾选“捕捉到冻结对象”选项，具体参数设置如图 2-4 所示。

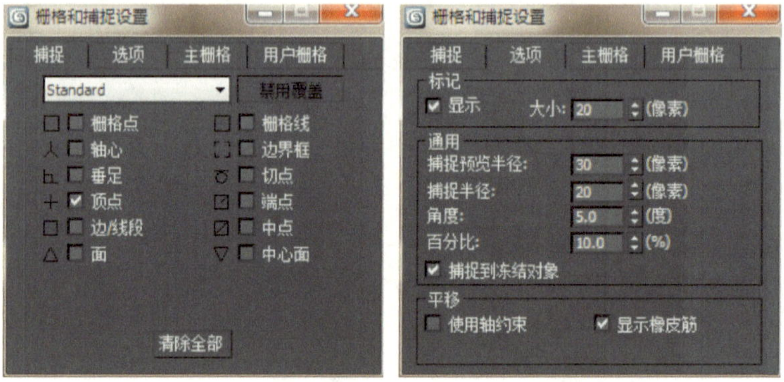

(a)　　　　(b)

图 2-4　设置“捕捉开关”参数

（4）使用“线”工具，并根据 CAD 图纸中的线条在顶视图中绘制出如图 2-5 所示的样条线。

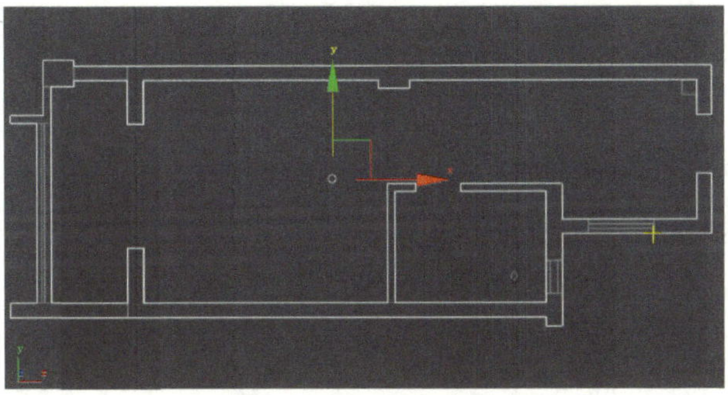

图 2-5　绘制样条线

（5）进入“修改”面板，然后在“选择”卷展栏下单击“顶点”按钮，进入“顶点”级别，接着选择所有的顶点，并在“几何体”卷展栏下单击“焊接”按钮，最后为样条线加载一个“挤出”修改器，并在“参数”卷展栏下设置“数量”为 2800 mm（见图 2-6），效果如图 2-7 所示。

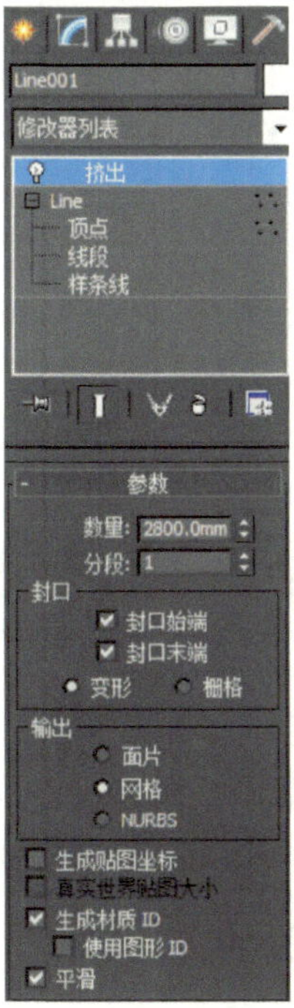

图 2-6　设置基础参数

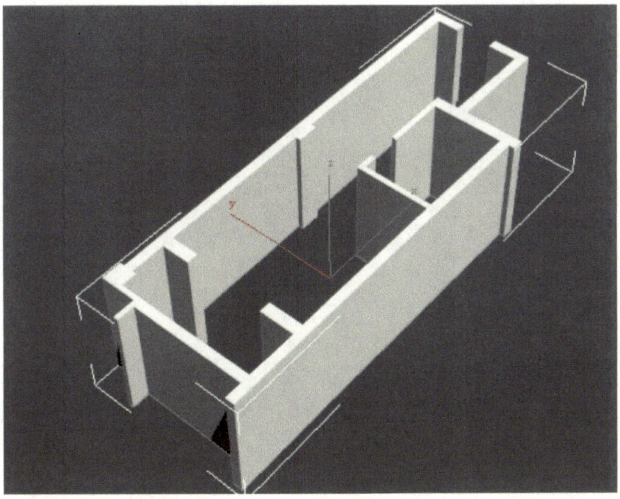

图 2-7　挤出效果

（6）使用“矩形”工具，并根据 CAD 图纸中的样条线在视图中绘制出如图 2-8 所示的矩形，然后将矩形转换为可编辑样条线。

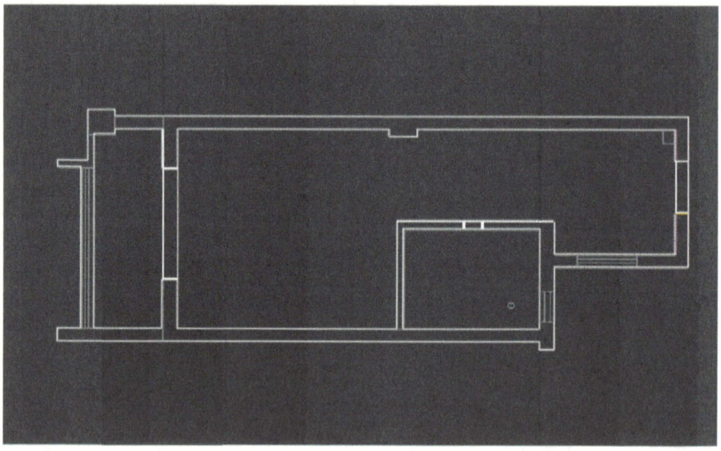

图 2-8　绘制矩形

（7）进入“修改”面板，然后在“选择”卷展栏下单击“顶点”按钮，进入“顶点”级别。接着选择所有的顶点，并在“几何体”卷展栏下单击“焊接”按钮，最后为样条线加载一个“挤出”修改器，并在“参数”卷展栏下设置“数量”为 500 mm（见图 2-9），效果如图 2-10 所示。

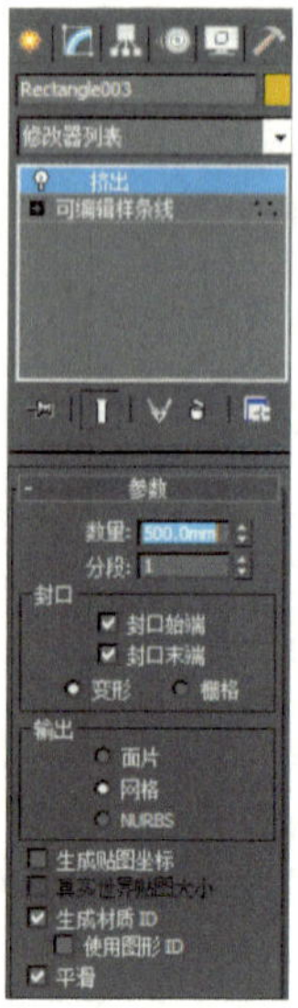

图 2-9　设置挤出参数

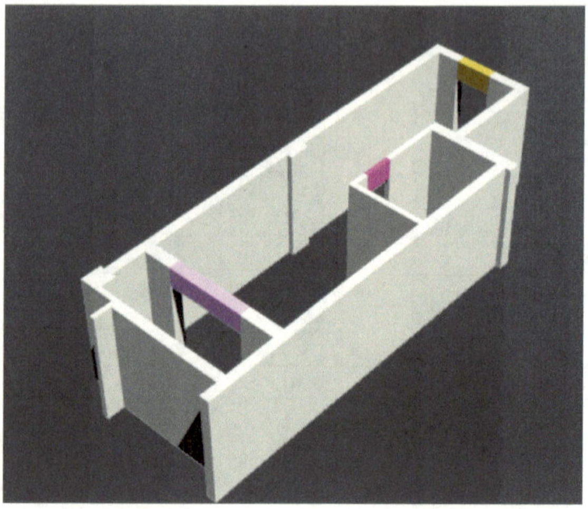

图 2-10　挤出效果

（8）使用“线”工具，并根据 CAD 图纸中的线条在顶视图中绘制出如图 2-11 所示的样条线。

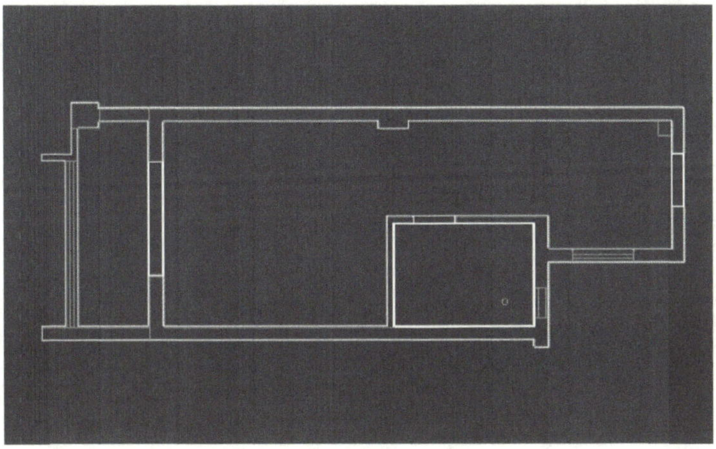

图 2-11　绘制样条线

（9）进入“修改”面板，然后在“选择”卷展栏下单击“顶点”按钮，进入“顶点”级别，接着选择所有的顶点，并在“几何体”卷展栏下单击“焊接”按钮，最后为样条线加载一个“挤出”修改器，并在“参数”卷展栏下设置“数量”为 100 mm，最终效果如图 2-12 所示。

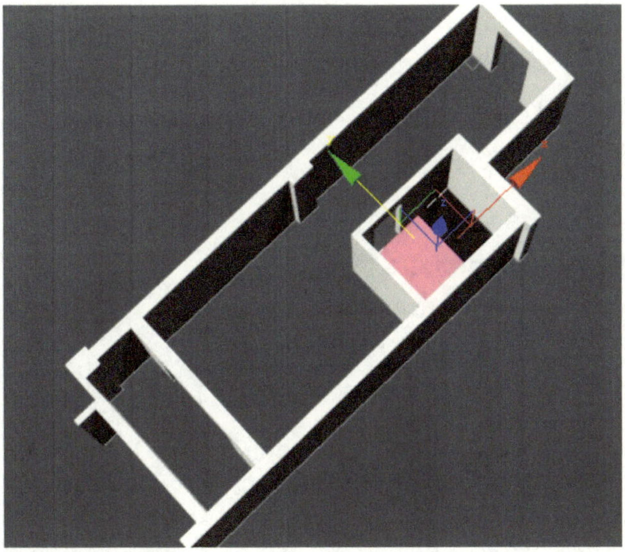

图 2-12　最终效果

2.2　设置摄像机

设置摄像机主要是为了模拟现实中人们从何种角度观察事物的效果，以得到一个最理想的观察视角。设置摄像机在制作效果图中比较简单，但要想得到一个最佳的观察角度，必须了解摄像机的各项参数与设置技巧。设置摄像机后的效果如图 2-13 所示。

图 2-13　设置摄影机后的场景效果

2.3　调制模型

当模型建立完成后，视图中的对象是以颜色块的方式显现。以这种方式显现的模型就如同儿童用积木建立起的楼房，只有赋予其材质才能将对象的真实质感表现出来。为场景调制材质后的效果如图 2-14 所示。

图 2-14　赋予材质后的场景效果

2.4 设置灯光

没有了光，世界将处于黑暗中。因此，在效果图制作中，光源也是整个模型创建过程中最重要、最具有技巧性的一步。因为灯光及其产生的阴影将直接影响到场景中对象的质感，以及对象的空间感和层次感。材质虽然有各自的颜色和纹理，但还是会受到灯光的影响。

为场景设置灯光后的效果如图 2-15 所示。

图 2-15　设置灯光后的场景效果

2.5 渲染输出

无论在使用 3ds Max 制作效果图的过程中，还是在已经制作完成后，都要通过渲染预览制作的效果是否理想，但渲染所占用的时间非常长，制图速度势必会受到影响。渲染的每一步都是不一样的，在建模初期常采用整体渲染，只看大致效果，而到细节刻画阶段则采用局部渲染，以便看清具体细节。为了能更好地进行后期处理，不仅要渲染一张大尺寸的效果图，还要渲染一张通道图，场景渲染输出后效果如图 2-16 所示。

(a)

(b)

图 2-16　渲染输出后的效果和通道

2.6　后期处理

后期处理主要是指通过图像处理软件为效果图添加一些符合其透视关系的配景和光效等，对效果图起画龙点睛的效果。

常用的图像处理软件包括 Photoshop、CorelDRAW、PhotoImage 等，本书主要采用 Photoshop 软件进行后期处理，经过后期处理的效果如图 2-17 所示。

图 2-17　后期处理的效果

第3章 3D灯光

3.1 灯光常识

光是人们能看见绚丽世界的前提条件，假若没有光的存在，一切将不再美好。在当今设计工程中，不难发现各式各样的灯光主题贯穿其中，光影交集处处皆是，缔造出不同的气氛及多种的意境。

3.1.1 灯光的分类

灯光主要分为两种，即直接灯光和间接灯光。

直接灯光泛指那些直射式的光线，如太阳光等，光线直接散落在指定的位置上，并产生投射。

间接灯光在气氛营造上则能发挥独特的功能性，营造出不同的意境。它的光线不会直射至地面，而是被置于灯罩、天花背后，光线被投射至墙上再反射至沙发和地面，柔和的灯光仿佛轻轻地洗刷了整个空间，温柔而浪漫。

3.1.2 灯光的作用

（1）用光渲染环境气氛。在3ds Max中使用灯光不仅仅是为了照明，更多的是为了渲染环境气氛。

（2）刻画主体物形象。采用合理的灯光搭配和设置可以将灯光锁定到某个主体物上，起到凸显主体物的作用。

（3）表达作品的情感。作品的最高境界不是技术多么娴熟，而是通过技术和手法传达作品的情感。

3.1.3 设置灯光思路

灯光的设置步骤主要分为以下3步：

（1）先定主体光的位置和强度。

（2）决定辅助光的强度和角度。

（3）分配背景光与装饰光。

这样产生的布光效果可达到主次分明、互相补充的效果。

3.2 灯光类型

3.2.1 VRay灯光

单击创建命令面板的“灯光”按钮，在下拉菜单中选择“VRay”，就会出现VRay灯光的列表。VRay灯光包含四种类型，分别是“VR_光源”、“VR_IES”、“VR_环境光”和“VR_太阳”，如图3-1所示。

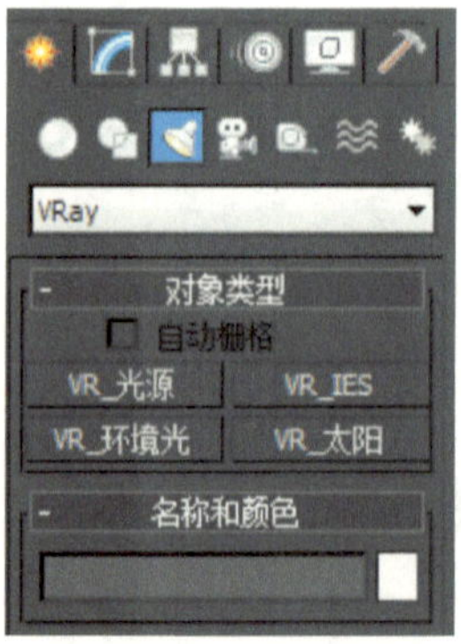

图3-1 VRay灯光列表

技巧与提示

要想正常使用 VRay 灯光，需设置渲染器为 VRay 渲染器，具体设置方法如图 3-2 所示。

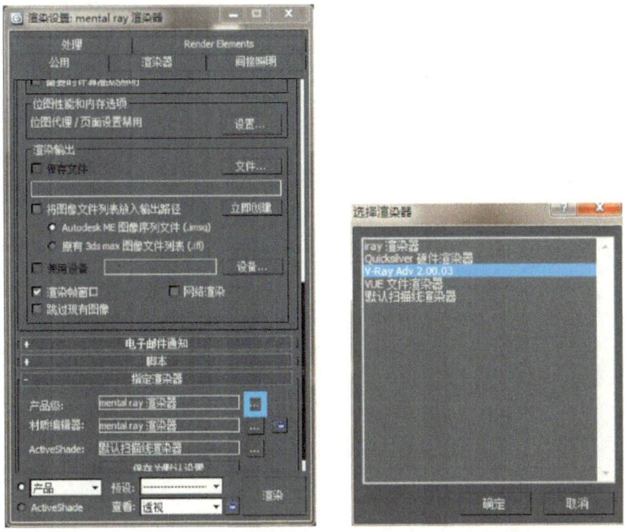

(a) (b)

图 3-2 渲染器设置

1. VR_光源

VR_光源是最常用的灯光之一，主要用来模拟室内光源。参数设置较为简单，但效果非常真实。VR_光源一般用来模拟柔和的灯光、灯带、台灯灯光、补光灯。具体参数设置如图 3-3 所示。

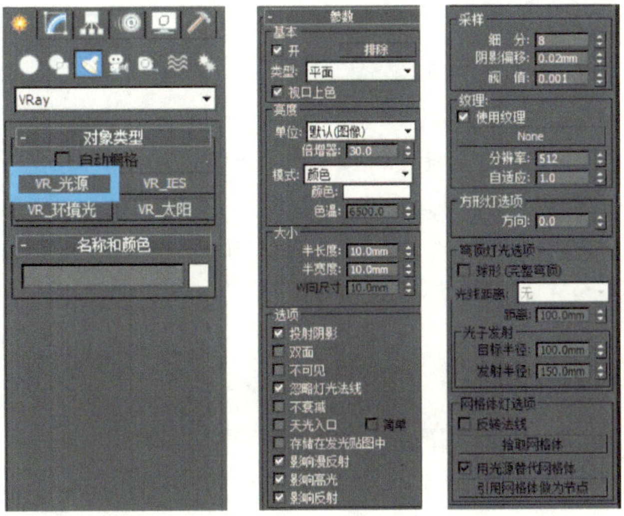

(a) (b) (c)

图 3-3 VR_光源参数设置

参数详解

（1）“基本”选项组。

● 开：控制是否开启 VR_光源。

● “排除”按钮：用来排除灯光对物体的影响。

● 类型：指定 VR_光源的类型，共有“平面”、“穹顶”、“球体”和“网格体”4 种类型，如图 3-4 所示。

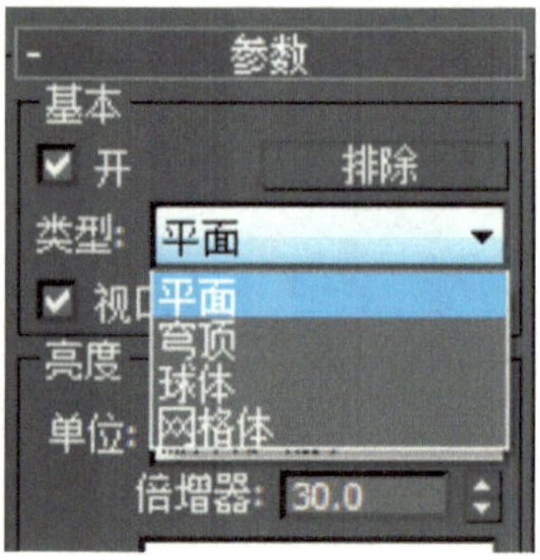

图 3-4　VR_光源类型

○ 平面：将 VR_光源设置成平面形状。

○ 穹顶：将 VR_光源设置成边界盒形状。

○ 球体：将 VR_光源设置成穹顶状，类似于 3ds Max 的天光物体，光线来自于位于光源 z 轴的版球体状圆顶。

○ 网格体：一种以网格为基础的灯光。

技巧与提示

设置类型为“平面”时，它比较适合于室内灯带等光照效果；设置类型为“球体”时，它比较适合于灯罩内的光照效果。效果如图 3-5 所示。

(a)　　(b)

图 3-5　光照效果

（2）“亮度”选项组。

● 单位：指定 VR_光源的发光单位，共有“默认（图像）”、“光通量（lm）”、“发光强度（lm/m2/sr）”、“辐射量（W）”和“辐射强度（W/m2/sr）”5 种，如图 3-6 所示。

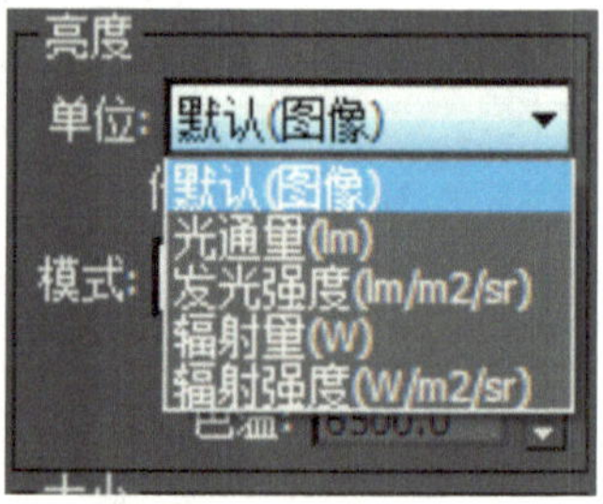

图 3-6　单位类型

○ 默认（图像）：VRay 默认单位，依靠灯光的颜色和亮度来控制灯光的最后强弱。如果忽略曝光类型的因素，灯光色彩将是物体表面受光的最终色彩。

○ 光通量（lm）：当选择该单位时，灯光的亮度将和灯光的大小无关（100 W 的亮度大约等于 1500 lm）。

○ 发光强度（lm/m2/sr）：当选择该单位时，灯光的亮度和它的大小有关系。

○ 辐射量（W）：当选择该单位时，灯光的亮度和灯光的大小无关。注意，这里的瓦特和物理上所称的瓦特不一样，比如这里的 100 W 等于物理上的 2 ~ 3 瓦特。

○ 辐射强度（W/m2/sr）：当选择该单位时，灯光的亮度和它的大小有关系。

● 颜色：指定灯光的颜色。
● 倍增器：设置灯光的强度。

(3) “大小”选项组。

● 半长度：设置灯光的长度。
● 半宽度：设置灯光的宽度。
● U/V/W 向尺寸：由于“VR_光源(平面)”是二维的，因此一般情况下该选项不可用。

(4) “选项”选项组。

● 投射阴影：用来控制是否对物体的光照产生阴影，如图 3-7 所示。

图 3-7　投射阴影效果对比

● 双面：用来控制灯光的双面都产生照明效果，对比效果如图 3-8 所示。

图 3-8　双面效果对比

● 不可见：用来控制最终渲染时是否显示 VR_光源的形状，对比效果如图 3-9 所示。

图 3-9　不可见效果对比

● 忽略灯光的法线：用来控制灯光的发射是否按照光源的法线进行发射。

● 不衰减：在物理世界中，所有的光线都是有衰减的。如果选中该复选框，VRay 将不计算灯光的衰减效果，对比效果如图 3-10 所示。

图 3-10　不衰减效果对比

● 天光入口：把 VRay 等转化为天光，这时的 VR_光源就变成了间接照明(GI)，失去了直接照明。当选中该项时，“投射阴影”、“双面”、“不可见”等参数将不可用，这些参数将被 VRay 的天光参数所取代。

● 储存在发光贴图中：选中该复选框，同时间接照明(GI)里的“首次反弹”引擎选择“发光贴图”时，VR_光源的光照信息将保存在“发光贴图”中。这样在渲染光子时将变得更慢，但是在渲染出图时，渲染速度会提高很多。当渲染完光子时，可以关闭或删除该 VR_光源，它对最后的渲染效果没有阴影，因为它的光照信息已经保存在了“发光贴图”中。

● 影响漫反射：该选项决定灯光是否影响物体材质属性的漫反射。

● 影响高光：该选项决定灯光是否影响物体材质属性的高光。

● 影响反射：选中该复选框时，灯光将对物体的反射区进行光照，物体可以将光源进行反射，对比效果如图 3-11 所示。

图 3-11　影响反射效果对比

(5)"采样"选项组。

● 细分:控制VR_光源的采样细分。数值越小,渲染杂点越多,渲染速度越快;数值越大,渲染杂点越少,渲染速度越慢,对比效果如图3-12所示。

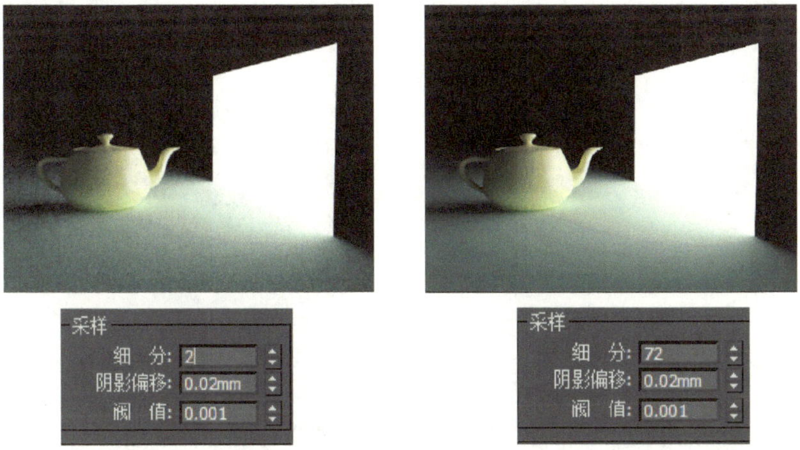

(a) (b)

图3-12 细分效果对比

● 阴影偏移:用来控制物体与阴影的偏移距离,较大的值会使阴影向灯光的方向偏移。对比效果如图3-13所示。

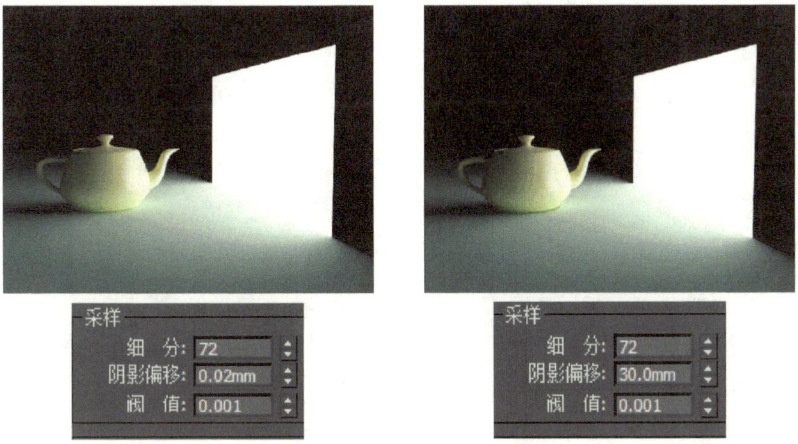

(a) (b)

图3-13 阴影偏移效果对比

● 阈值:设置采样的最小阈值。

(6)"纹理"选项组。

● 使用纹理:控制是否用纹理贴图作为半球光源。

● None(无):选择贴图通道。

● 设置纹理贴图的分辨率，最高为 2048。

2. VR_IES

VR_IES 是一个 V 形射线特定光源插件，可用来加载 IES 灯光。它能使现实世界的光分布更加逼真（IES 文件）。VR_IES 和 3ds Max 光度学中的灯光类似，而专门优化的 V_射线比通常的要快（见图 3-14），其参数面板如图 3-15 所示。

图 3-14　VR_IES

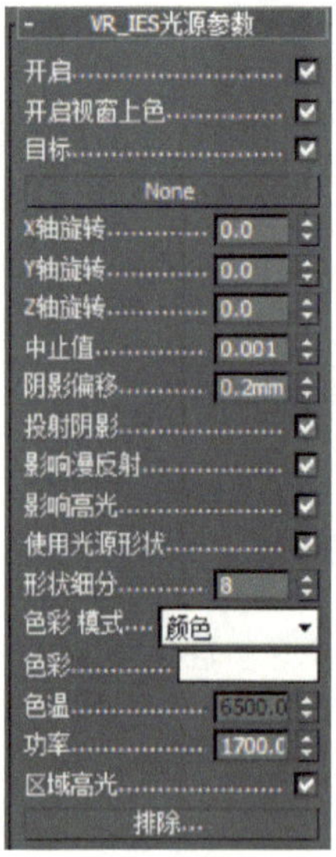

图 3-15　参数面板

参数详解

● 开启：打开和关闭 VR_IES 光。

● 目标：使 VR_IES 针对性。

● IES 文件（按钮）：指定定义的光分布。

● 中止值：指定了一个光的强度，低于该灯将无法计算的门槛。

● 阴影偏移：偏离走向或远离的阴影投射对象的影子。

● 投射阴影：光投射阴影，取消选中该复选框将禁用光线阴影投射。

● 使用光源形状：选中该复选框，在 IES 光指定的光的形状将被考虑在计算阴影中。

● 形状细分：控制的 VRay 需要计算照明的样本数量。

● 色彩模式：允许选择将取决于光色的模式。

● 色彩：如果“色彩模式”设置为“颜色”，那么该参数决定了光的颜色。

● 色温：当“色彩模式”设置“温度”时，该参数决定了光的颜色温度（开尔文）。

● 功率：确定流明光的强度。

● 区域高光：当取消选中该复选框时，特定的光将呈现为一个点光源再进行镜面反射。

● “排除”按钮：该按钮是 3ds Max 的包含/排除按钮，允许用户排除从照明和阴影投射的对象。

3. VR_太阳

VR_太阳是VR_光源中非常重要的灯光类型，主要用来模拟日光的效果，其参数较少，调节方便，但是效果非常逼真。在单击“VR_太阳”按钮时会弹出“V_Ray Sun”对话框，此时单击“是”按钮即可（见图3-16），具体参数如图3-17所示。

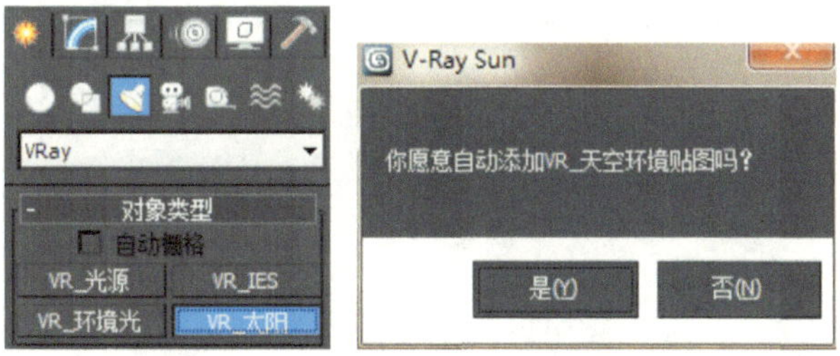

(a) (b)

图3-16 VR_太阳

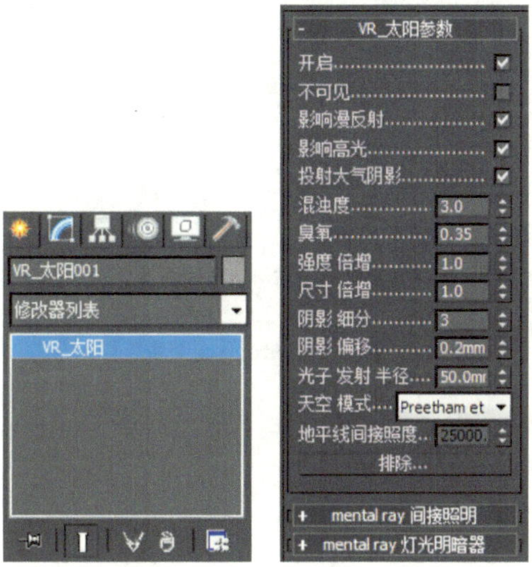

(a) (b)

图3-17 参数面板

参数详解

- 开启：控制灯光开启与关闭的开关。
- 不可见：控制灯光的可见与不可见的开关。
- 混浊度：控制空气中的清洁度，数值越大，阳光就越暖。一般情况下，白天正午的时候数值为3～5，下午的时候为6～9，傍晚的时候为15。当然阳光的冷暖也与自身和地面的角度有关，角度越大越冷，角度越小越暖。
- 臭氧：用来控制大气臭氧层的厚度，数值越大颜色越浅，数值越小颜色越深。
- 强度倍增：用来控制灯光的强度，数值越大灯光越亮，数值越小灯光越暗。
- 尺寸倍增：控制太阳的大小，数值越大，太阳就越大，就会产生越虚的阴影效果。

● 阴影细分：控制阴影的细腻程度，数值越大，阴影噪点越少，数值越小，阴影噪点越多。

● 阴影偏移：用来控制阴影的偏移位置。

● 光子发射半径：用来控制光子发射的半径大小。

3.2.2 光度学——目标灯光

目标灯光具有可以用于指向灯光的目标子对象。3ds Max 将光度学灯光进行整合，成为一个对象，其选择面板及参数面板如图 3-18 所示。

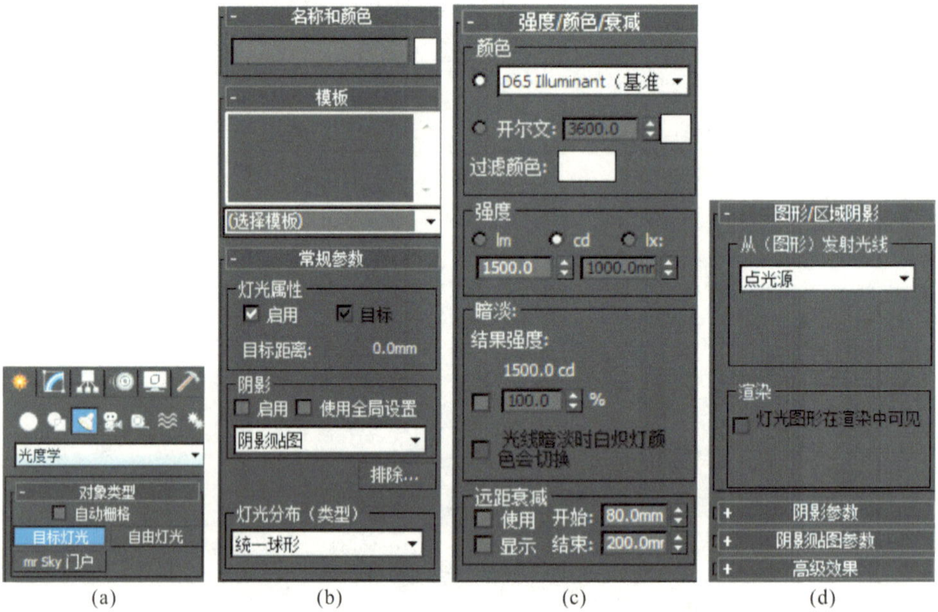

图 3-18　目标灯光

第4章　3D材质

材质主要用于表现物体的颜色、质地、纹理、透明度和光泽等特性，依靠各种类型的材质可以制作出现实世界中的任何物体。

通常在制作新材质并将其应用于对象时，应遵循以下步骤：

第1步　指定材质的名称。

第2步　选择材质的类型。

第3步　对于标准或光线跟踪材质，应选择着色类型。

第4步　设置漫反射颜色、光泽度和不透明度等各种参数。

第5步　将贴图指定给要设置贴图的材质通道，并调整材质。

第6步　将材质应用于对象。

第7步　如有必要，应调整UV贴图坐标，以便正确定位对象的贴图。

第8步　保存材质。

4.1　壁纸材质

壁纸是用于装饰墙壁的一种特殊纸张。壁纸具有一定的强度、美观的外表和良好的抗水性能，并且表面易于清洗，常用于装饰住宅、办公室、宾馆等，如图4-1所示。

本例需要制作一个壁纸材质，如图4-2所示。

(a)　(b)

图4-1　壁纸

图4-2　壁纸材质

（1）按M键打开“材质编辑器”对话框，然后选择一个空白材质球，接着单击Standard（标准）按钮 Standard ，最后在弹出的“材质/贴图浏览器”对话框中双击“VRayMtl”选项，如图4-3所示。

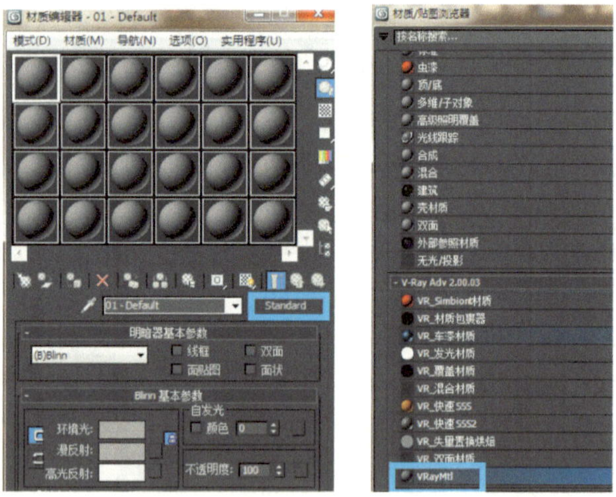

(a) (b)

图 4-3 VRayMtl 材质

（2）将 VRayMtl 材质命名为“壁纸”，然后在“基本参数”卷展栏下单击“漫反射”贴图通道后面的按钮，接着在弹出的对话框中选择壁纸贴图文件，如图 4-4 所示。

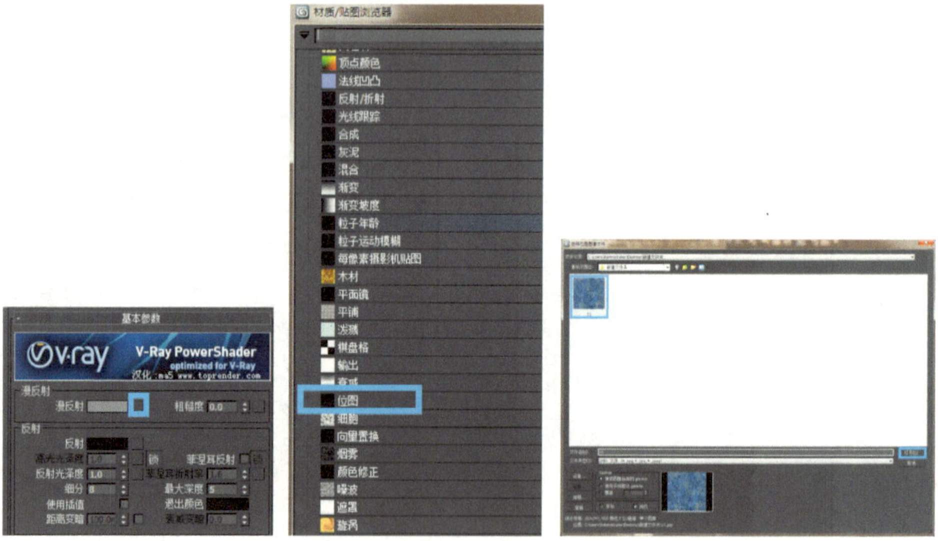

(a) (b) (c)

图 4-4 选择贴图文件

（3）在“反射”选项组下设置“反射”颜色为红 11、蓝 11、绿 11，然后设置“反射光泽度”为 0.6，具体参数设置如图 4-5 所示；接着双击壁纸材质球，材质球效果如图 4-6 所示。

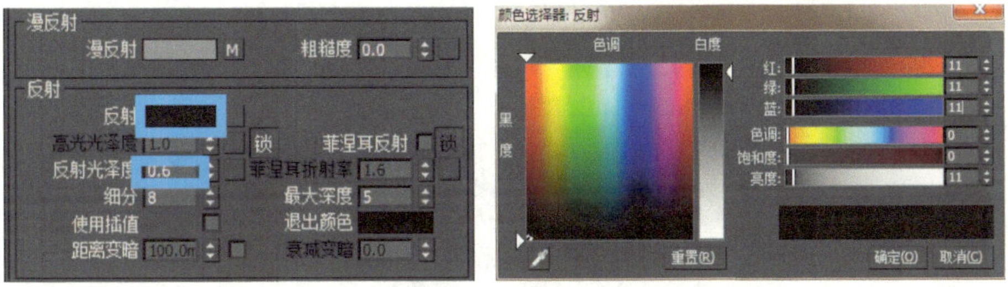

(a) (b)

图 4-5 参数设置

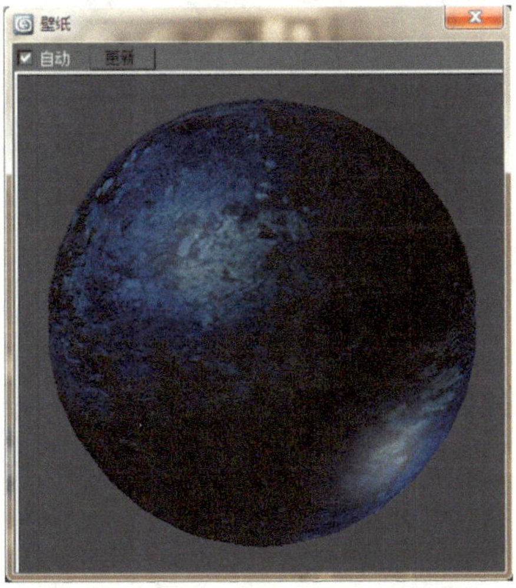

图 4-6 材质球效果

(4) 在场景中选择要赋予材质的对象,然后在“材质编辑器”对话框中单击“将材质指定给选定对象”按钮 ,便将壁纸材质赋予对象(见图 4-7)。

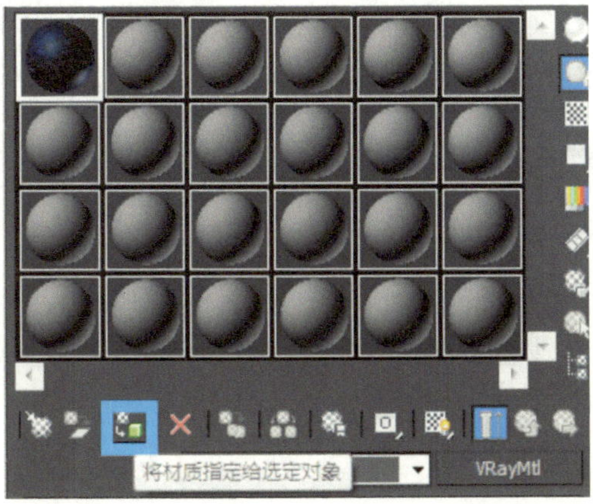

图 4-7 将材质指定给选定对象

4.2 麻布材质

本例需要制作一个麻布材质，如图 4-8 所示。

图 4-8 麻布材质

（1）按 M 键打开“材质编辑器”对话框，然后选择一个空白材质球，接着单击 Standard（标准）按钮 Standard ，最后在弹出的“材质/贴图浏览器”对话框中双击“VRayMtl”选项，如图 4-9 所示。

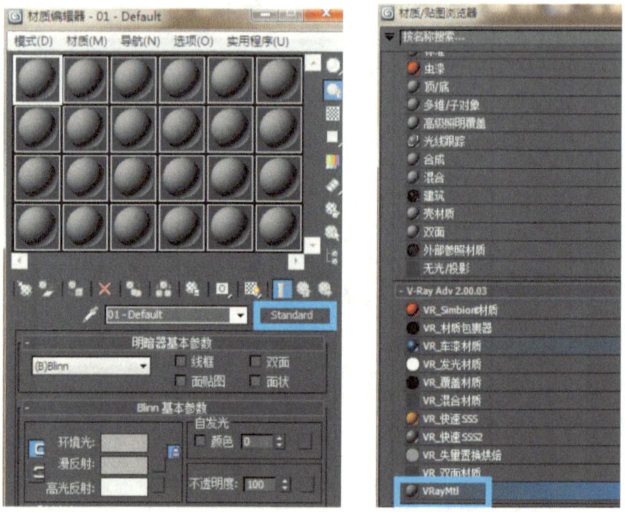

(a) (b)

图 4-9 VRayMtl 材质

（2）将 VRayMtl 材质命名为“麻布”，然后在“基本参数”卷展栏下单击“漫反射”贴图通道后面的按钮 ，接着在弹出的对话框中选择麻布贴图文件，如图 4-10 所示。

(a) (b) (c)

图 4-10　选择贴图文件

（3）在“坐标”卷展栏下设置“模糊”为 0.5，返回上一层级，展开“贴图”卷展栏，然后使用鼠标左键将“漫反射”通道中的贴图拖拽到“凹凸”通道上；接着在弹出的对话框中设置方法为“复制”，然后设置“凹凸”为 20，具体参数设置如图 4-11 所示；再双击麻布材质球，材质球效果如图 4-12 所示。

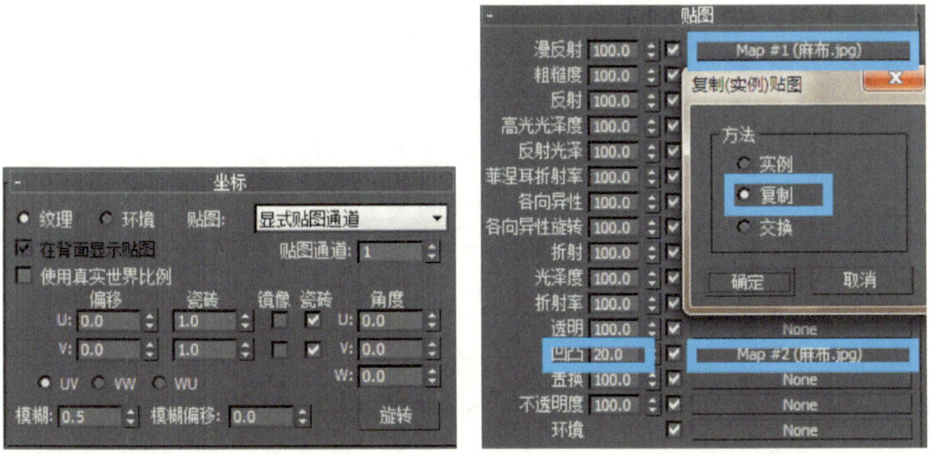

(a) (b)

图 4-11　参数设置

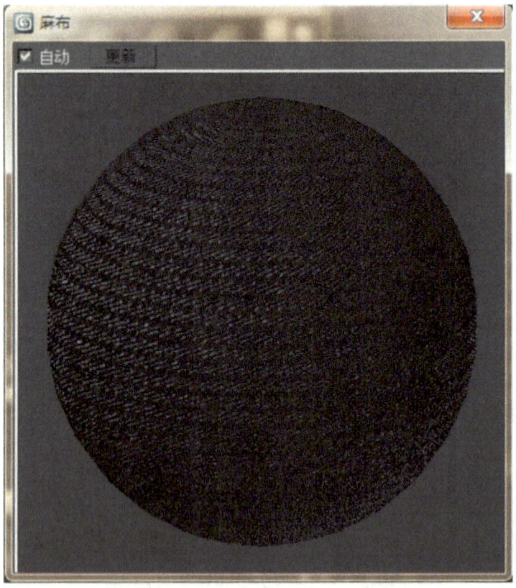

图 4-12　材质球效果

4.3　植物材质

本例需要制作一个植物材质，如图 4-13 所示。

图 4-13　植物材质

（1）按 M 键打开“材质编辑器”对话框，然后选择一个空白材质球，接着单击 Standard（标准）按钮 

，最后在弹出的“材质/贴图浏览器”对话框中双击“VR_材质包裹器”选项，如图 4-14 所示。

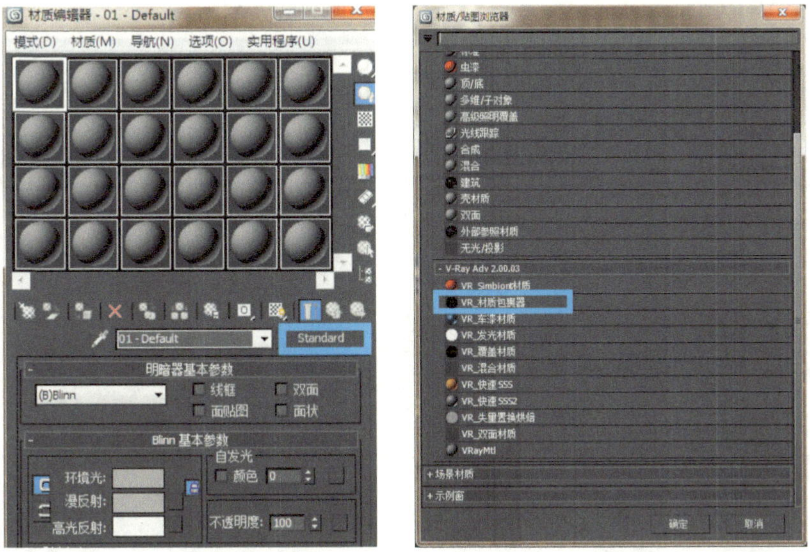

(a) (b)

图 4-14　VR_材质包裹器

（2）将材质命名为“植物”，然后在基本材质通道加载 VRayMtl 材质，返回上一层级，勾选“接收全局照明”，强度为 1.4，如图 4-15 所示。

（3）单击“基本材质”后面的材质通道，进入 VRayMtl 材质参数设置面板，然后在“漫反射”材质通道中加载“叶子”贴图；设置“反射”为红 16，绿 16，蓝 16，“反射光泽度”为 0.83，如图 4-16 所示。

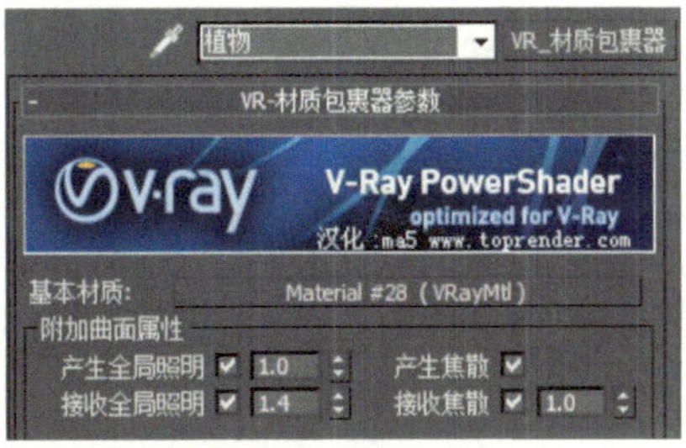

图 4-15　参数设置

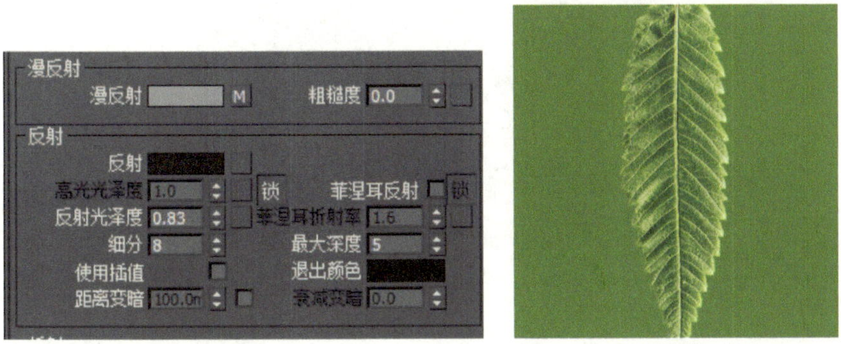

(a) (b)

图 4-16　参数设置

（4）展开“贴图”卷展栏，然后使用鼠标左键将“漫反射”通道中的贴图拖拽到“凹凸”通道上，接着在弹出的对话框中设置方法为“复制”；然后设置“凹凸”为 25，具体参数设置

● 自适应 DMC 图像采样器：根据每个像素及与它相邻像素的敏感差异，使用不同采样数量，在角落部分使用较高采样数量。该采样方式适合场景中具有大量模糊效果或者高细节的纹理贴图和大量的几何体面情形，是经常用到的一种方式，参数面板如图 5-10 所示。

图 5-10 “V-Ray:: 自适应 DMC 图像采样器”卷展栏

◆ 最小细分：定义每个像素的最少采样数量，一般使用默认数值。

◆ 最大细分：定义每个像素的最多采样数量，一般使用默认数值。

◆ 颜色阈值：色彩的最小判断值。达到这个值以后，就停止对色彩的判断。

◆ 使用 DMC 采样器阈值：如果选中了这个复选框，“颜色阈值”将不起作用。

◆ 显示采样：选中该复选框后，可以看到自适应 DMC 的采样分布情况。

● 自适应图像细分采样器：如果选择此项，则具有负值采样的高级抗锯齿功能。它适用在没有或者有少量模糊效果的场景中，其速度最快。如果场景中有大量细节和模糊效果，它的渲染速度会变慢，渲染品质也会降低。参数面板如图 5-11 所示。

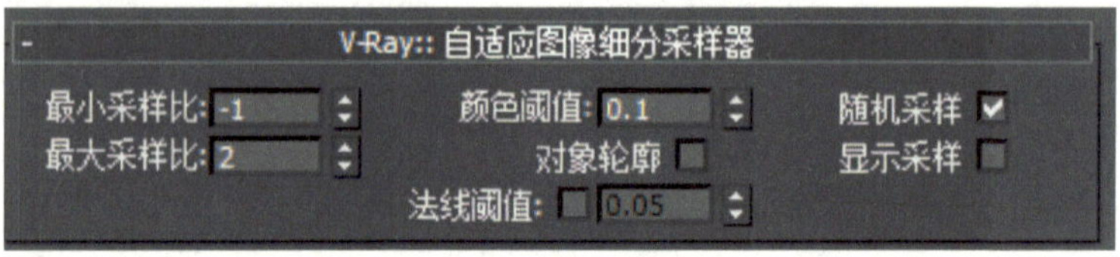

图 5-11 “V-Ray:: 自适应图像细分采样器”卷展栏

◆ 最小采样比：定义每个像素适用的最少采样数量。0 表示 1 个像素 1 个采样；-1 表示 2 个像素使用 1 个采样。值越小，渲染品质越低，速度越快。

◆ 最大采样比：定义每个像素适用的最多采样数量。0 表示 1 个像素 1 个采样；1 表示 2 个像素使用 4 个采样。值越高，渲染品质越好，速度越慢。

◆ 颜色阈值：色彩的最小判断值。达到这个值以后，就停止对色彩的判断。

◆ 对象轮廓：如果选中此复选框，可以对物体的轮廓线使用更多的采样，从而让物体轮廓的品质更好，但是速度会变慢。

◆ 法线阈值：决定自适应细分在物体表面法线的采样程度。

◆ 随机采样：如果选中此复选框，采样将随机分布，默认为选中状态。

◆ 显示采样：如果选中此复选框，可以看到自适应细分的分布情况。通常在进行草图渲染的时候采用“固定”模式，渲染成图时采用“自适应 DMC”模式。

如图 4-17 所示；再双击植物材质球，材质球效果如图 4-18 所示。

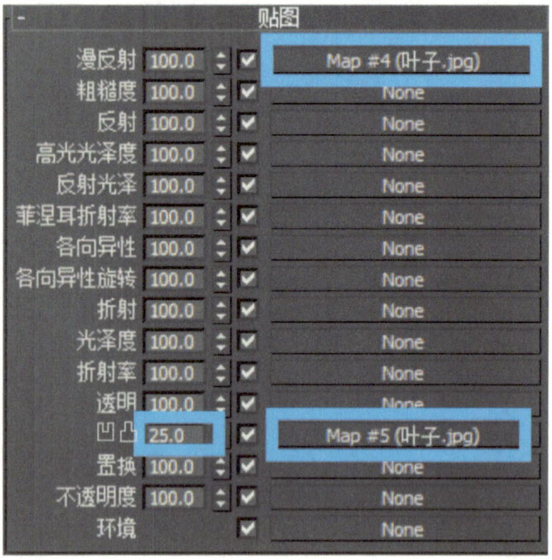

图 4-17　贴图参数

图 4-18　材质球效果

4.4　木地板材质

本例需要制作一个木地板材质，如图 4-19 所示。

图 4-19　木地板材质

（1）按 M 键打开“材质编辑器”对话框，然后选择一个空白材质球，接着单击 Standard（标准）按钮 

，最后在弹出的“材质/贴图浏览器”对话框中双击“VRayMtl 材质”选项，如图 4-20 所示。

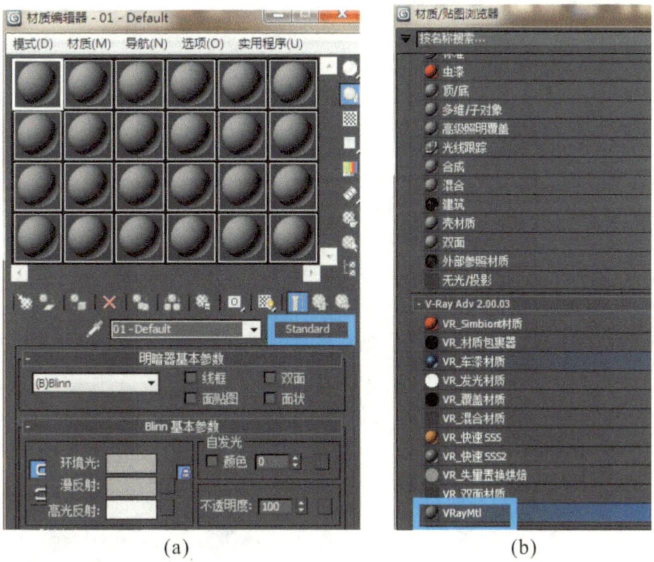

图 4-20 VRayMtl 材质

（2）将 VRayMtl 材质命名为“木地板”，然后在“基本参数”卷展栏下单击“漫反射”贴图通道后面的按钮 ，接着在弹出的对话框中选择木地板贴图文件，如图 4-21 所示。

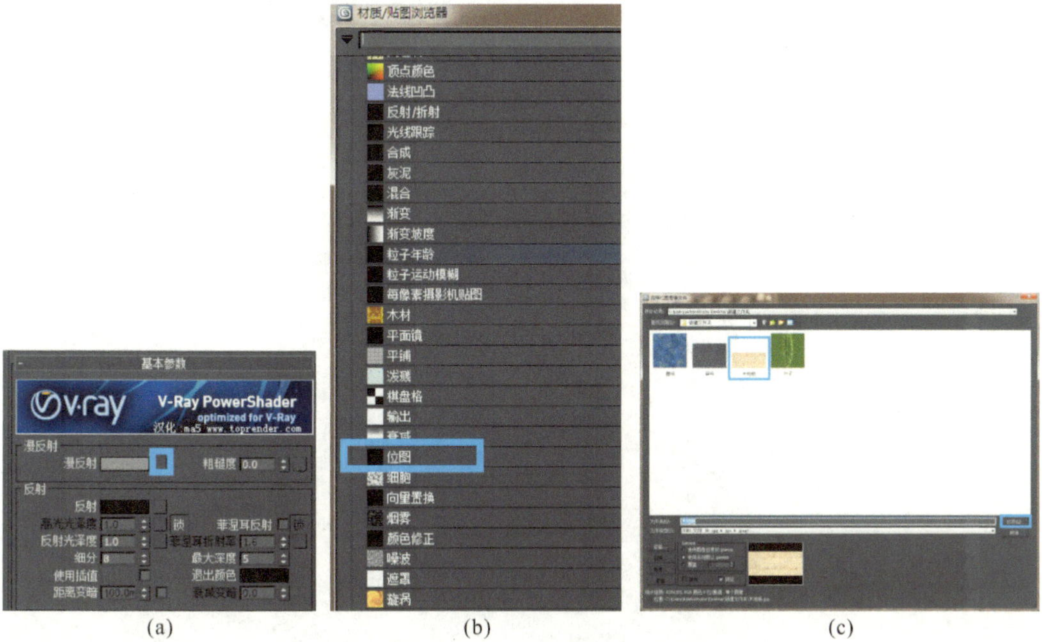

图 4-21 选择贴图文件

（3）在“坐标”卷展栏下设置瓷砖“U”为 3，“V”为 3，“模糊”为 0.5，返回上一层级；“反射”设为红 75，绿 75，蓝 75，“反射光泽度”为 0.86，“细分”为 20；展开“选项”卷展栏，取消勾选“跟踪反射”和“雾系统单位缩放”；展开“贴图”卷展栏，然后使用鼠标左键将“漫反射”通道中的贴图拖拽到“凹凸”通道上；接着在弹出的对话框中设置方法为“复制”；然后设置“凹凸”为30，具体参数设置如图4-22所示；再双击木地板材质球，材质球效果如图4-23所示。

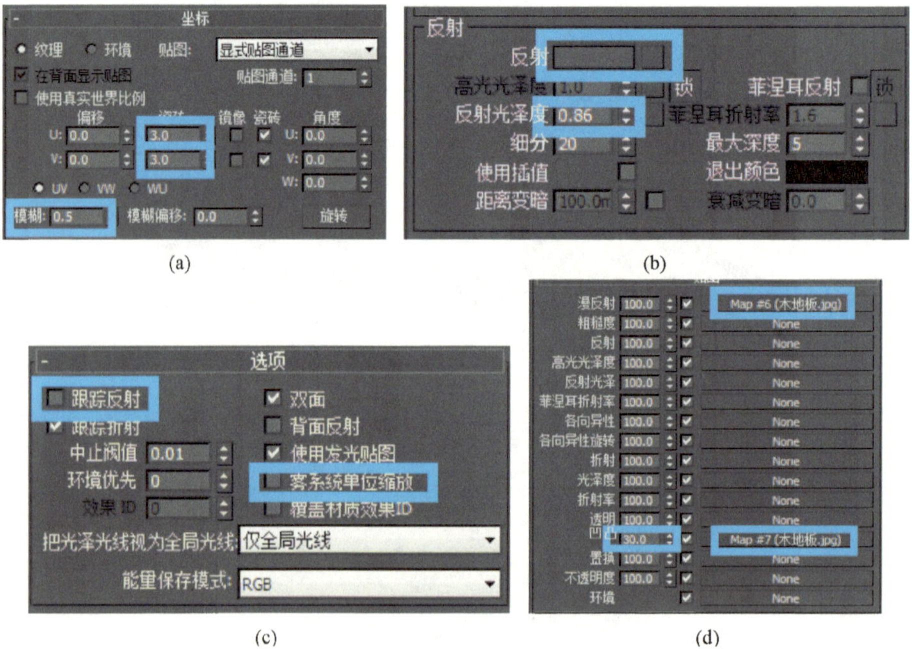

图4-22 参数设置

图4-23 材质球效果

4.5 大理石地面材质

本例需要制作一个大理石地面材质,如图 4-24 所示。

图 4-24 大理石地面材质

(1)按 M 键打开“材质编辑器”对话框,然后选择一个空白材质球,接着单击 Standard(标准)按钮  ,最后在弹出的“材质/贴图浏览器”对话框中双击“VRayMtl”材质选项,如图 4-25 所示。

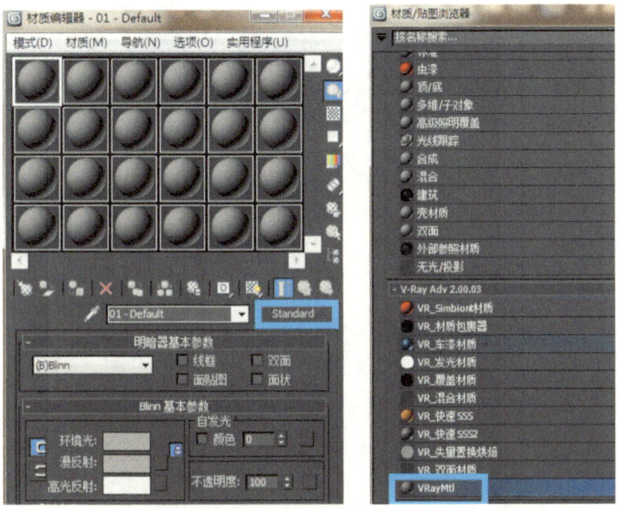

(a) (b)

图 4-25 VRayMtl 材质

(2)将 VRayMtl 材质命名为“大理石地面”,然后在“基本参数”卷展栏下单击“漫反射”贴图通道后面的按钮  ,选择大理石地面贴图文件;在“坐标”卷展栏下设置瓷砖“U”为 1.2,“V”为 1.5,返回上一层级设置“反射”颜色为红 45,绿 45,蓝 45;然后设置“高

光光泽度”为0.95,“反射光泽度”为0.95,具体参数设置如图4-26所示;接着双击大理石地面材质球,材质球效果如图4-27所示。

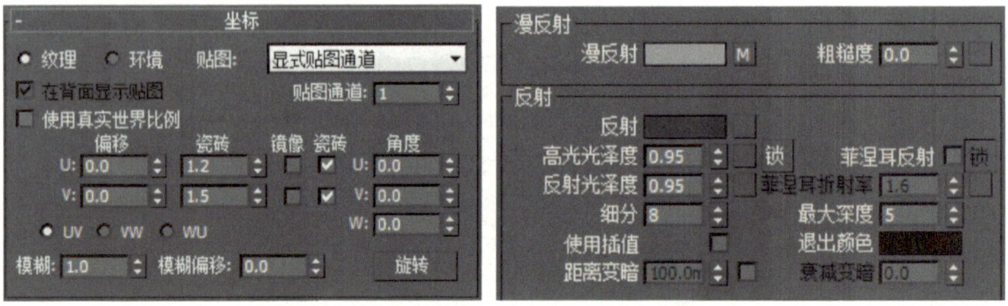

(a) (b)

图4-26 参数设置

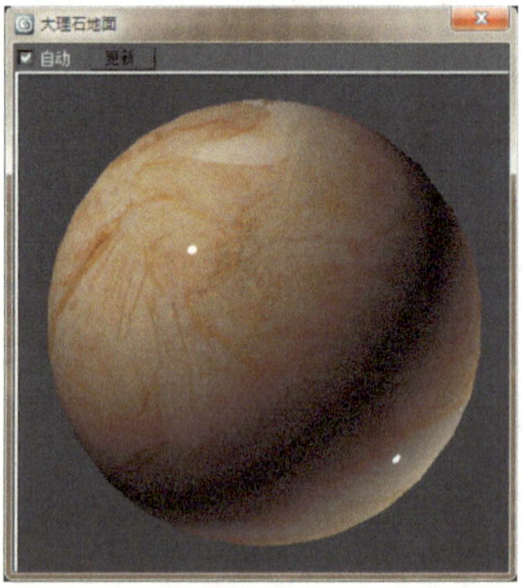

图4-27 材质球效果

4.6 镜子材质

本例需要制作一个镜子材质,如图4-28所示。

图4-28 镜子材质

(1) 按 M 键打开“材质编辑器”对话框，然后选择一个空白材质球，接着单击 Standard（标准）按钮 Standard ，最后在弹出的“材质/贴图浏览器”对话框中双击“VRayMtl”材质选项，如图 4-29 所示。

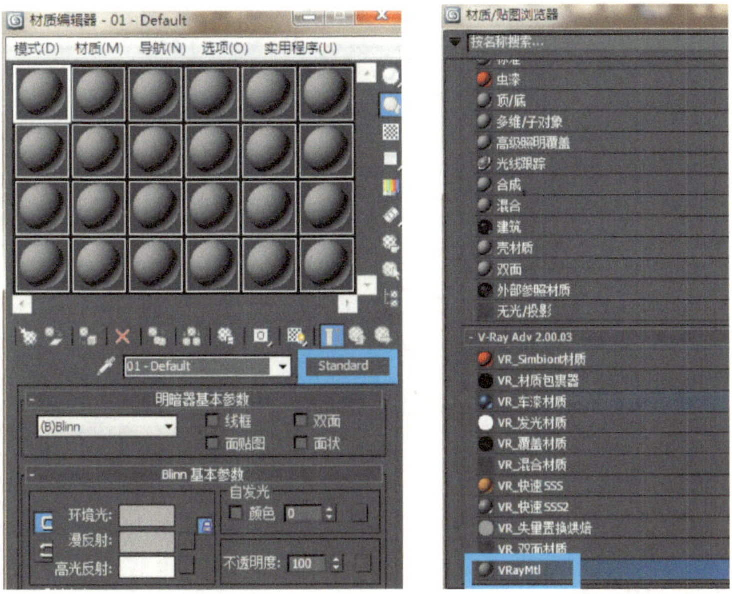

(a) (b)

图 4-29　VRayMtl 材质

(2) 将 VRayMtl 材质命名为“镜子”，然后设置“漫反射”颜色为红 20，绿 20，蓝 20，“反射”颜色为红 220，绿 220，蓝 220，具体参数设置如图 4-30 所示；接着双击镜子材质球，材质球效果如图 4-31 所示。

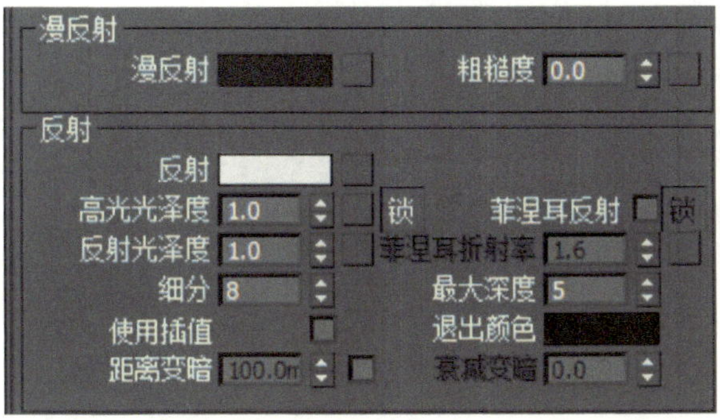

图 4-30　参数设置

图 4-31　材质球效果

4.7 黑镜材质

本例需要制作一个镜子材质，如图 4-32 所示。

图 4-32 镜子材质

（1）按 M 键打开“材质编辑器”对话框，然后选择一个空白材质球，接着单击 Standard（标准）按钮 

，最后在弹出的“材质/贴图浏览器”对话框中双击“VRayMtl”材质选项，如图 4-33 所示。

(a) (b)

图 4-33 VRayMtl 材质

（2）将 VRayMtl 材质命名为“黑镜”，然后设置“漫反射”颜色为红 0，绿 3，蓝 0，“反射”颜色为红 72，绿 72，蓝 72，“反射光泽度”为 0.98，“细分”为 10，具体参数设置如图 4-34所示，接着双击黑镜材质球，材质球效果如图 4-35 所示。

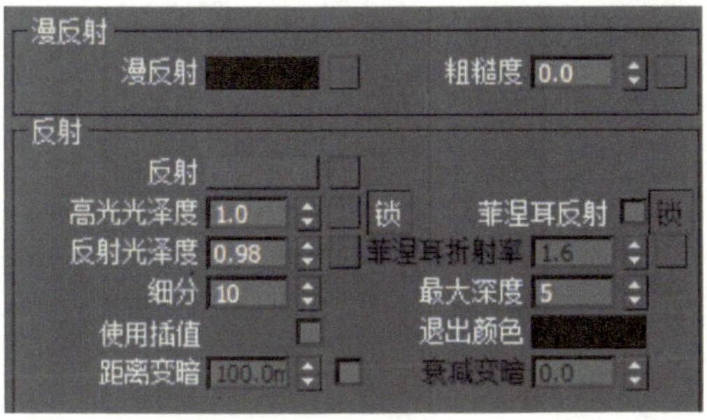

图 4-34　参数设置

图 4-35　材质球效果

4.8　布纹材质

本例需要制作一个布纹材质，如图 4-36 所示。

图 4-36　布纹材质

（1）按 M 键打开“材质编辑器”对话框，然后选择一个空白材质球，接着单击 Standard（标准）按钮

，最后在弹出的“材质/贴图浏览器”对话框中双击“VR_材质包裹器”选项，如图 4-37 所示。

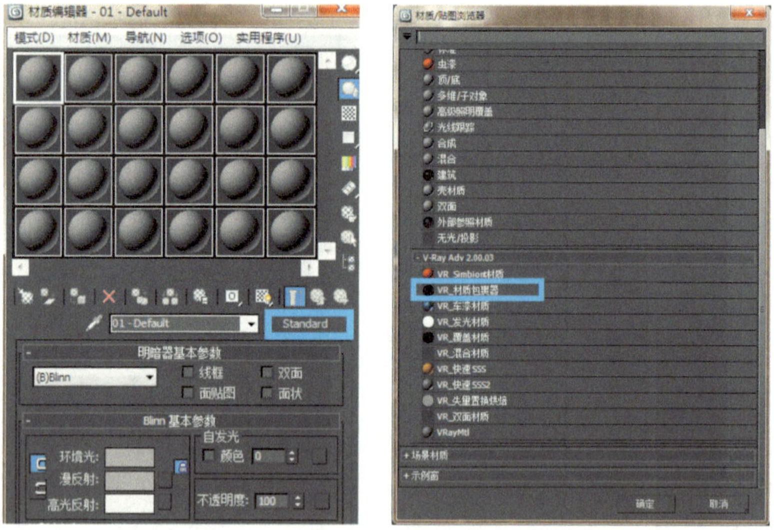

(a)　　　　　　　　(b)

图 4-37　VR_材质包裹器

（2）将材质命名为“布纹”，然后在基本材质通道加载 VRayMtl 材质，返回上一层级，勾选“接收全局照明”，强度为 1.2，如图 4-38 所示。

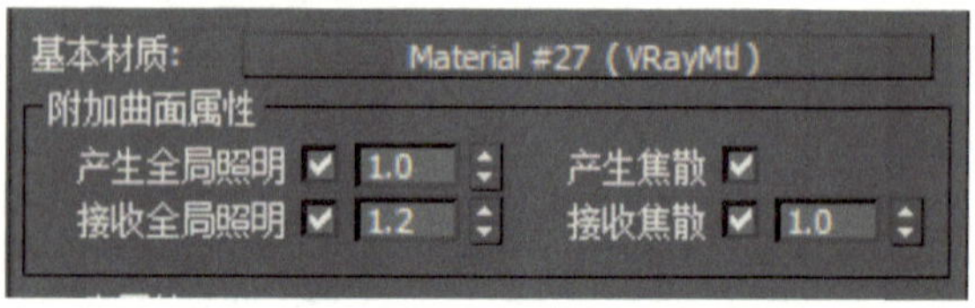

图 4-38　参数设置

（3）单击“基本材质”后面的材质通道，进入 VRayMtl 材质参数设置面板，然后在“漫反射”材质通道中加载“衰减”贴图；“前：侧”卷展栏下，加载布纹贴图，“侧强度”为 70，“衰减类型”为 Fresnel，勾选“覆盖材质 IOR”，“折射率”为 1.6，如图 4-39 所示。

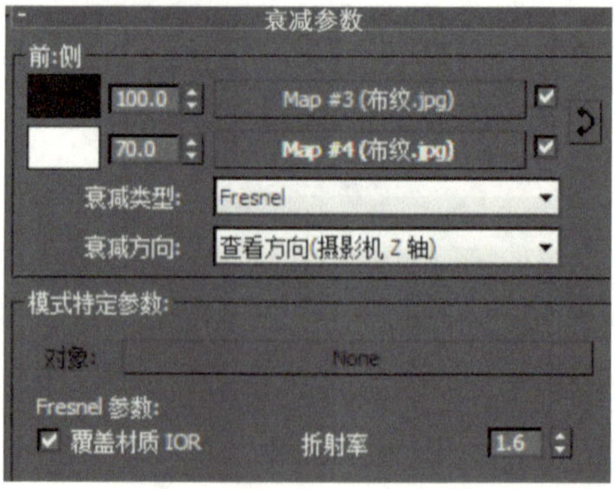

图 4-39　衰减参数

(4) 返回上一层级，展开“贴图”卷展栏，在凹凸下加载布纹贴图，“凹凸”为 80，如图 4-40 所示；接着双击布纹材质球，材质球效果如图 4-41 所示。

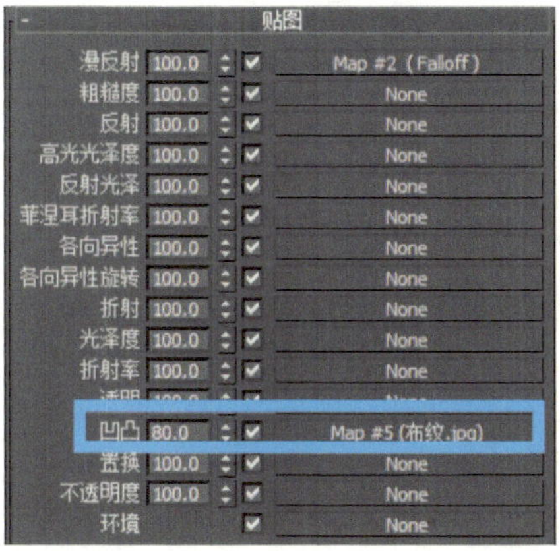

图 4-40　凹凸

图 4-41　材质球效果

4.9　皮革材质

本例需要制作一个皮革材质，如图 4-42 所示。

图 4-42　皮革材质

(1) 按 M 键打开“材质编辑器”对话框，然后选择一个空白材质球，接着单击 Standard (标准) 按钮 Standard ，最后在弹出的“材质/贴图浏览器”对话框中双击“VRayMtl”材质选项，如图 4-43 所示。

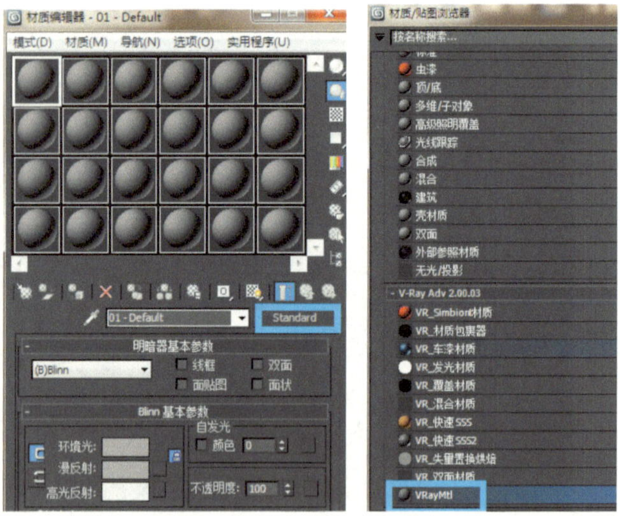

(a) (b)

图 4-43　VRayMtl 材质

（2）将 VRayMtl 材质命名为“皮革”，然后在“基本参数”卷展栏下单击“漫反射”贴图通道后面的按钮，选择皮革贴图文件，在“坐标”卷展栏下设置“模糊”为 0.01，返回上一层级；单击“反射”贴图通道后面的按钮，加载衰减材质，衰减类型为 Fresnel，然后设置“高光光泽度”为 0.74，“反射光泽度”为 0.75，“细分”为 20；在“贴图”卷展栏下，使用鼠标左键将“漫反射”通道中的贴图拖拽到“凹凸”通道上；接着在弹出的对话框中设置方法为“复制”，再设置“凹凸”为 10，具体参数设置如图 4-44 所示；接着双击皮革材质球，材质球效果如图 4-45 所示。

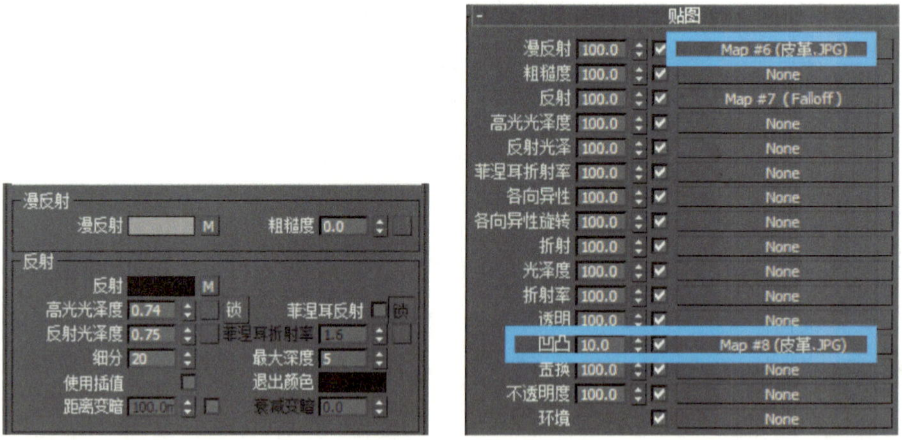

(a) (b)

图 4-44　参数设置

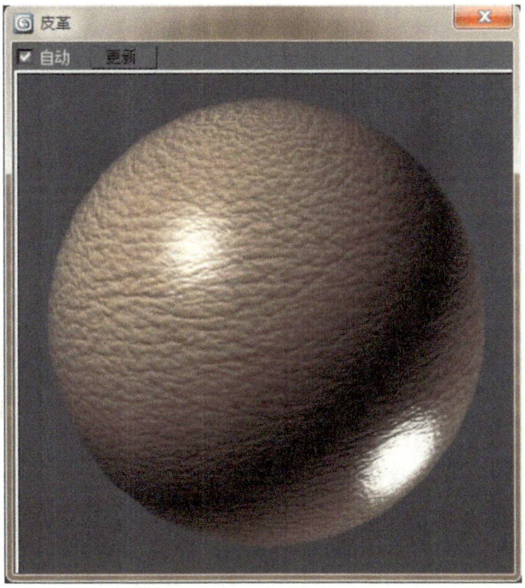

图 4-45　材质球效果

4.10　马赛克材质

本例需要制作一个马赛克材质，如图 4-46 所示。

图 4-46　马赛克材质

（1）按 M 键打开“材质编辑器”对话框，然后选择一个空白材质球，接着单击 Standard（标准）按钮 Standard ，最后在弹出的“材质/贴图浏览器”对话框中双击“VRayMtl”材质选项，如图 4-47 所示。

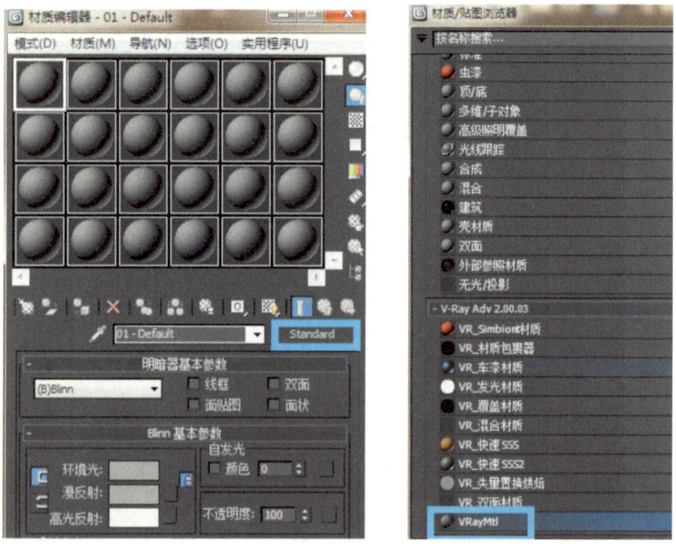

(a) (b)

图 4-47 VRayMtl 材质

（2）将 VRayMtl 材质命名为“马赛克”，然后在“基本参数”卷展栏下单击“漫反射”贴图通道后面的按钮，选择马赛克贴图文件，在“坐标”卷展栏下设置“模糊”为 0.5，返回上一层级；设置“反射”为红 47，绿 47，蓝 47，“高光光泽度”为 0.9，“反射光泽度”为 0.88，具体参数设置如图 4-48 所示；接着双击马赛克材质球，材质球效果如图 4-49 所示。

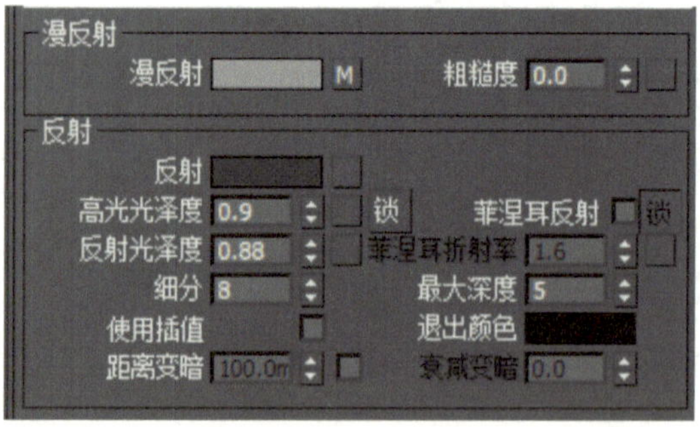

图 4-48 参数设置

图 4-49 材质球效果

4.11 玻璃材质

4.11.1 渐变玻璃材质

本例需要制作一个渐变玻璃材质，如图 4-50 所示。

图 4-50　渐变玻璃材质

（1）选择 VRayMtl 材质，将材质命名为“渐变玻璃”，单击“漫反射”贴图通道后面的按钮，加载“渐变”贴图，如图 4-51 所示。

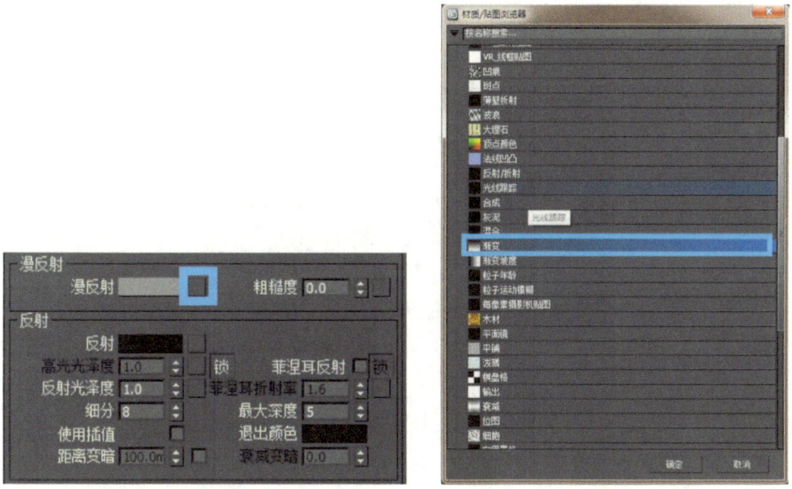

(a)　　(b)

图 4-51　加载渐变贴图

（2）在“渐变参数”卷展栏下，设置“颜色#1”为红 18、绿 196、蓝 0，“颜色#2”为红 30、绿 226、蓝 4，“颜色#3”为红 18、绿 196、蓝 0，如图 4-52所示。

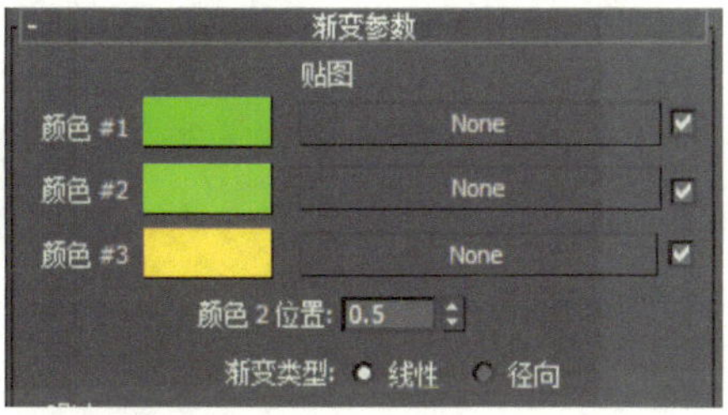

图 4-52　渐变参数

（3）返回上一层级，设置“反射”为红 161、绿 161、蓝 161，高光光泽度为 0. 9，勾选“菲涅耳反射”;设置“折射”为红 201、绿 201、蓝 201,“折射率”为 1.5,勾选“影响阴影”(见图 4-53); 接着双击渐变玻璃材质球,材质球效果如图 4-54 所示。

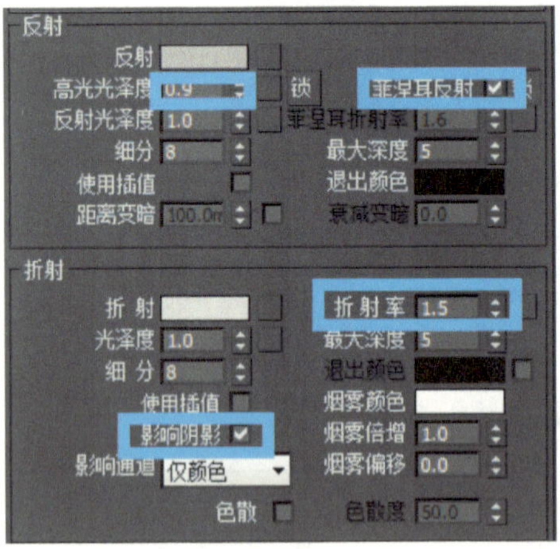

图 4-53　参数设置

图 4-54　材质球效果

4.11.2　有色玻璃材质

本例需要制作一个有色玻璃材质,如图 4-55 所示。

图 4-55　有色玻璃材质

选择 VRayMtl 材质,将材质命名为“有色玻璃”,设置“漫反射”为红 36、绿 53、蓝 34;“反射”为红 129、绿 129、蓝 129,勾选“菲涅耳反射”;设置“折射”为红 255、绿 255、蓝 255,“细分”为 15,设置“烟雾颜色”为红 195,绿 102,蓝 56,“烟雾倍增”为 0.15,勾选“影响阴影”,“影响通道”为颜色 + alpha(见图 4-56); 接着双击有色玻璃材质球,材质球效果如图 4-57 所示。

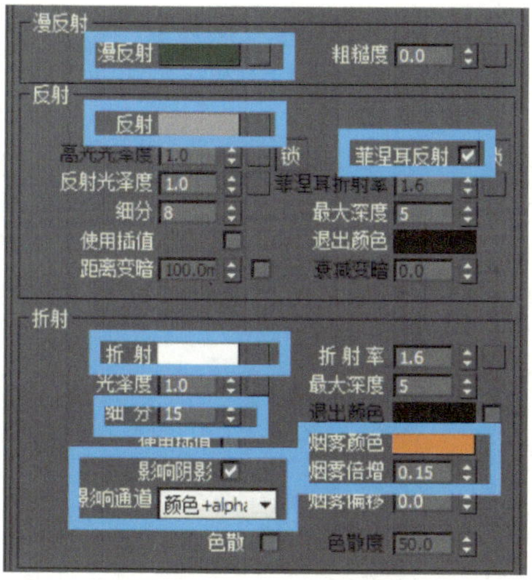

图 4-56　参数设置

图 4-57　材质球效果

4.11.3　普通玻璃材质

本例需要制作一个普通玻璃材质，如图 4-58 所示。

图 4-58　普通玻璃材质

（1）选择 VRayMtl 材质，将材质命名为“普通玻璃”，设置“漫反射”为红 128、绿 128、蓝 128；反射加载衰减贴图，设置“前”为红 8、绿 8、蓝 8，“侧”为红 96、绿 96、蓝 96，如图 4-59 所示。

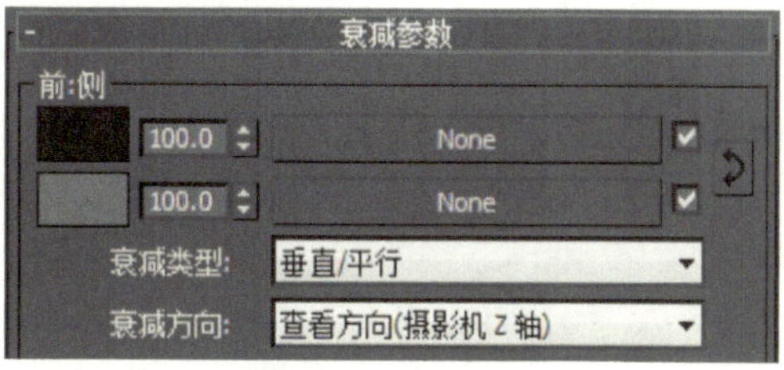

图 4-59　衰减参数

（2）返回上一层级，设置“折射”为红 255、绿 255、蓝 255，“折射率”为 1.5（见图 4-60）；接着双击普通玻璃材质球，材质球效果如图 4-61 所示。

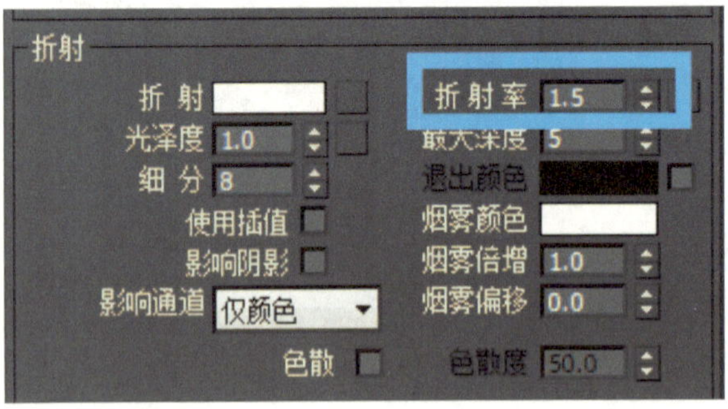

图 4-60　折射参数

图 4-61　材质球效果

第5章 V-Ray 渲染设置

5.1 V-Ray 的渲染参数面板

将当前的渲染器指定为 V-Ray Adv 2.00.03 中文版，按 F10 键，弹出“渲染设置”窗口，选择“公用”选项卡，在“指定渲染器”卷展栏下单击…，弹出“选择渲染器”对话框并在其中选择“V-Ray Adv 2.00.03”选项，此时的面板显示为 V-Ray 渲染参数面板，如图 5-1 所示。

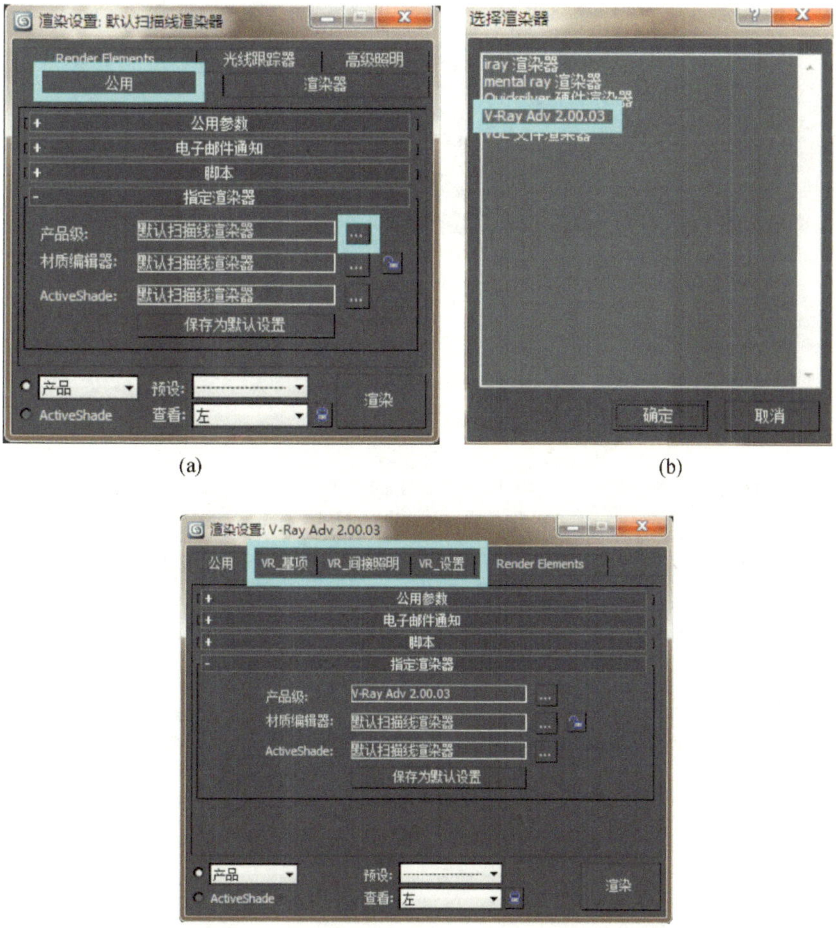

(a) (b)

(c)

图 5-1 将 VRay 指定为当前渲染器

5.1.1 “VR_基项”选项卡

“V-Ray”选项卡主要由“V-Ray :: 授权”“V-Ray :: 关于 VRy”“V-Ray :: 帧缓存”“V-Ray ::

全局开关”“V-Ray :: 图像采样器(抗锯齿)”“V-Ray :: 自适应图像细分采样器”“V-Ray :: 环境”“V-Ray :: 颜色映射”“V-Ray :: 像机”卷展栏组成,如图 5-2 所示。

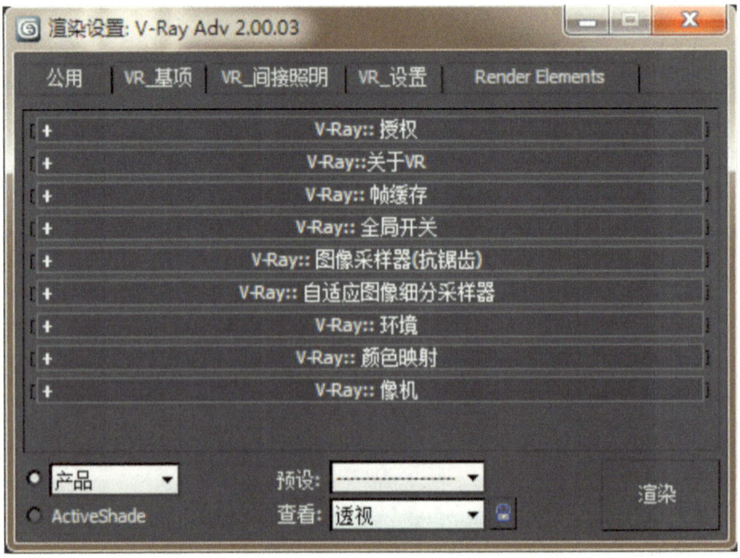

图 5-2 “VR_基项”选项卡

1. V-Ray :: 授权

这个卷展栏主要显示了 V-Ray 的注册信息。注册文件一般放置在“C:\Program Files\Common Files\ChaosGroup\vrldient. xml”中,参数面板如图 5-3 所示。

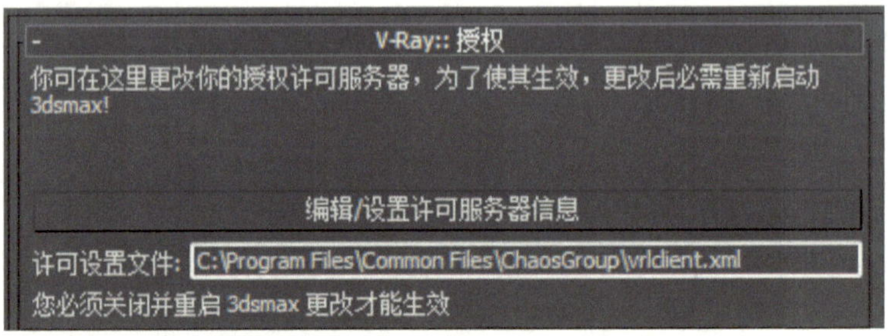

图 5-3 “V-Ray :: 授权”卷展栏

2. V-Ray :: 关于 VR

这个卷展栏主要是用于显示 V-Ray 的官方网站地址(www. chaosgroup. com)及渲染器的版本号、V-Ray 的 LOGO 等信息,这里使用的是 V-Ray Adv 2. 00. 03(注意:这部分没有具体作用),如图 5-4 所示。

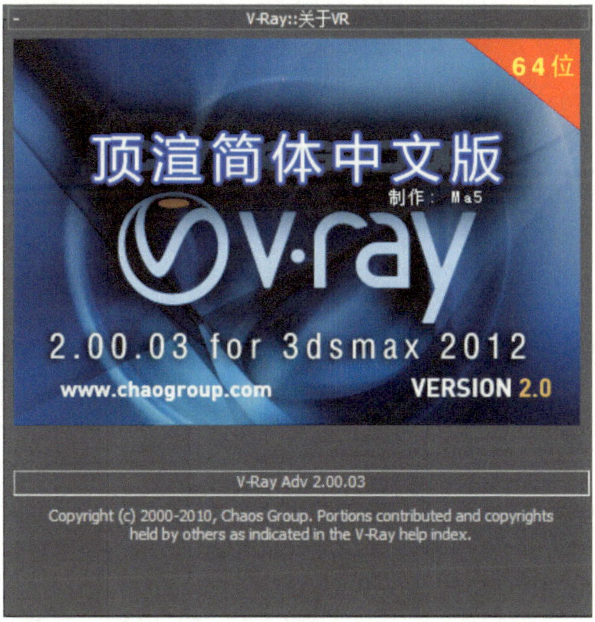

图 5-4 “V-Ray::关于 VR”卷展栏

3. V-Ray::帧缓存

该卷展栏主要是用于设置 V-Ray 自身的图形帧渲染窗口。此处可以设置渲染图的尺寸(大小)及保存渲染图形,它可以代替 3ds Max 自身的帧渲染窗口,参数面板如图 5-5 所示。

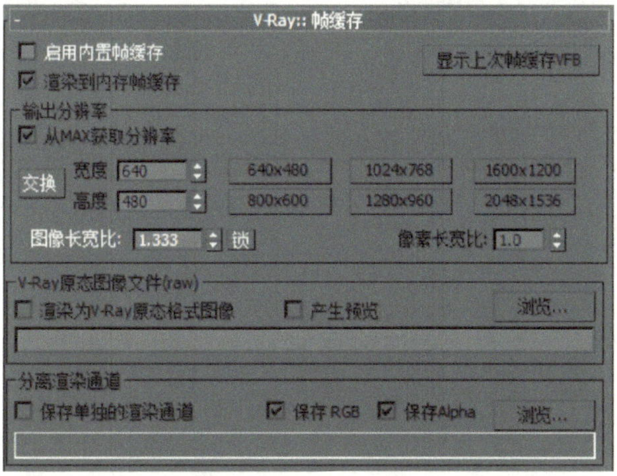

图 5-5 “V-Ray::帧缓存”卷展栏

参数详解

● 启用内置帧缓存:选中此复选框,可以使用 V-Ray 自身的图形帧渲染窗口,但是必须把 3ds Max 默认的渲染窗口关闭,这样可以节约内存资源。

技巧与提示

按 F10 键，然后选择“公用”选项卡，展开“公用参数”卷展栏。在该卷展栏的下方将“渲染帧窗口”复选框的选中状态取消（见图 5-6），这样就可以取消 3ds Max 默认的渲染窗口。

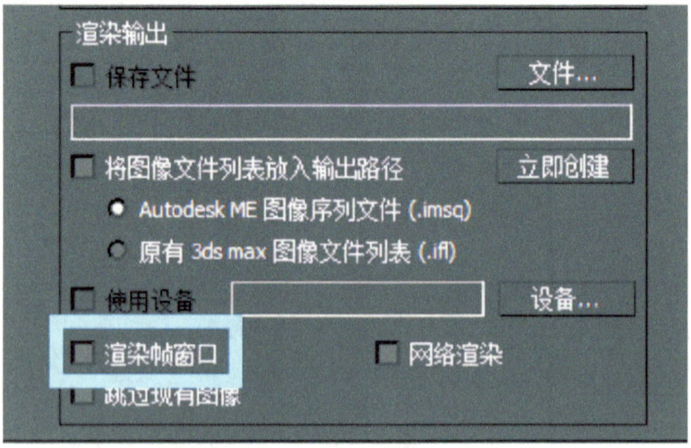

图 5-6　关闭 3ds Max 默认的渲染窗口

● 渲染到内存帧缓存：选中此复选框，将创建 V-Ray 的帧缓存，并且使用它来存储色彩数据，以便在渲染中或者渲染后进行观察。如果用户需要渲染高分辨率的图像并且用于输出，则需取消选中此复选框，否则系统的内存可能会被大量占用。此时的正确选择是选中“渲染为 V-Ray Raw 图像文件”复选框。

● 显示上次帧缓存 VFB：单击该按钮，可以显示上一次渲染的图像窗口。

从 V-Ray 帧缓冲区窗口中可以看出，V-Ray 自带的帧缓冲区窗口的按钮要比 3ds Max 默认的渲染窗口多一些。这些按钮各自具有不同的功能。

◆ 

：在下拉列表中可以切换查看单独通道（Alpha）。

◆ “切换到 RGB 通道”：如果查看了其他通道，单击此按钮可以显示正常。

◆ “查看红色通道”：单击此按钮，可以单独查看红色通道。

◆ “查看绿色通道”：单击此按钮，可以单独查看绿色通道。

◆ “查看蓝色通道”：单击此按钮，可以单独查看蓝色通道。

◆ “切换到 Alpha 通道”：单击此按钮，可以查看 Alpha 通道。Alpha 通道主要用于方便后期的修改。

◆ “单色模式”：单击此按钮，可以将当前图像以灰度模式显示。

◆ “保存图像”：将渲染的图像文件保存起来（包括经过 V-Ray 帧缓冲修改后的图像）。

◆ ✖“清除图像”:用于清除 V-Ray 帧缓冲区窗口中的内容。

◆ “重复到 Max 缓冲区”:将 V-Ray 帧缓冲区的图像复制到 3ds Max 默认的帧缓冲区中(包括经过的 V-Ray 帧缓冲修改后的图像)。

◆ “跟踪鼠标渲染”:在渲染过程中使用鼠标轨迹。通俗地说,就是在渲染过程中,当在 V-Ray 的帧缓冲区窗口中拖动鼠标时,会强迫 V-Ray 优先渲染这些区域,而不会理会设置的渲染块顺序。这对于场景局部参数的调试非常有用。

◆ “显示校正控制器”:用于调整图像的曝光、色阶、色彩曲线等。

◆ “强制颜色”:对错误进行校正。

◆ i “显示图像信息”:单击该按钮,可以看到每个像素的信息。

◆ :激活这些按钮后,可通过最左侧的 V-Ray 帧缓冲调色工具 “显示校正控制器”对渲染后图像的颜色及明暗进行调节。

■ 从 MAX 获取分辨率:如果选中该复选框,可以得到 3ds Max“渲染设置”窗口里“公用”选项卡“公用参数”卷展栏下的渲染尺寸;如果取消选中该复选框,将使用 V-Ray 渲染器中“输出分辨率”参数区下的尺寸。

■ 渲染为 V-Ray 原态格式图像:类似于 3ds Max 的图像渲染输出,不会在内存中保留任何数据。

■ 产生预览:选中该复选框,可以得到一个比较小的预览框来预览渲染过程,预览框中的图像不能缩放,看到的渲染图像质量都不高,这是为了节约内存资源。

■ 保存单独的渲染通道:选中该复选框,允许制定特殊通道作为一个单独的文件保存到指定的目录。

■ 保存 RGB:必须在选中了“保存单独的渲染通道”复选框后才可以使用。如果选中了该复选框,可以保存 RGB 通道。

■ 保存 Alpha:如果选中了该复选框,可以保存 Alpha 通道。

4. V-Ray::全局开关

这个卷展栏是 V-Ray 对几何体、灯光、间接照明、材质、置换、光影跟踪的全局设置。例如,是否使用默认灯光,是否打开阴影,是否打开模糊等,参数面板如图 5-7 所示。

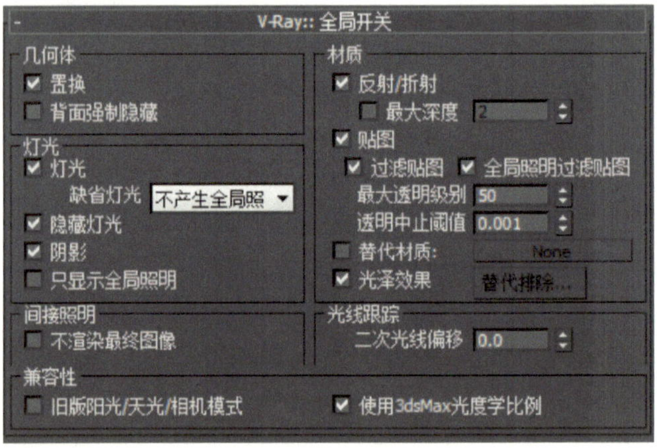

图 5-7　“V-Ray∷全局开关”卷展栏

参数详解

(1)“几何体”参数区

● 置换:决定是否使用 V-Ray 的置换贴图。注意,此复选框不会影响 3ds Max 的置换贴图。

● 背面强制隐藏:决定渲染出的物体是否隐藏背面。

(2)“灯光”参数区

● 灯光:控制场景中是否打开光照效果。取消选中状态时,场景中放置的灯光将不起作用。

● 缺省灯光:当场景中不存在灯光物体或禁止 3ds Max 默认灯光的使用。

● 隐藏灯光:控制场景中是否让隐藏的灯光产生照明,该复选框对于调节场景中的光照非常方便。

● 阴影:此复选框用于决定场景中是否产生阴影。

● 只显示全局照明:选中此复选框,直接光照将不包含在最终渲染的图像中。但是在计算全局光的时候,直接光照仍然会被考虑,只是最后只显示间接光照的效果。

(3)“间接照明”参数区

● 不渲染最终图像:此复选框控制是否渲染最终图像。如果选中此复选框,V-Ray 将在计算完光子后不再渲染最终图像,这对渲染小光子图非常方便。

(4)“材质”参数区

● 反射/折射:计算 V-Ray 贴图或材质中的反射/折射效果。

● 最大深度:用于用户设置 V-Ray 贴图或材质中反射/折射的最大反弹次数。取消选中该复选框,反射/折射的最大反弹次数是使用材质/贴图的局部参数来控制;选中该复选框,则所有的局部参数设置将会被它取代。

● 贴图:使用纹理贴图。

● 全局照明过滤贴图:使用纹理贴图过滤。

● 最大透明级别：控制对透明物体的追踪何时终止。如果光线透明度累计低于这个设定的极限值，将会停止追踪。

● 替代材质：选中此复选框，将允许用户通过使用后面的材质进行渲染。该功能在调节复杂场景时还是很有用处的，可以用 3ds Max 标准材质的默认参数来替代。

● 光泽效果：这个复选框可以对材质的最终效果进行优化，使渲染效果具有光泽效果，默认为选中状态。

（5）“光线跟踪”参数区

● 二次光线偏移：设置光线发生二次反弹时的偏置距离，默认为 0.0，表示不进行二级光线偏移；数值越大，偏移距离越大。

（6）“兼容性”参数区

● 旧版阳光/天光/相机模式：可以使用 3ds Max 传统的阳光、天光和相机模型。

● 使用 3ds Max 光度学比例：可以使用 3ds Max 光度学。

5. V-Ray∷图像采样器(抗锯齿)

该卷展栏主要负责设置图像的精细程度。使用不同的采样器，会得到不同的图像质量。对纹理贴图使用系统内定的过滤器，可以进行抗锯齿处理。每种过滤器都有其各自的优点和缺点，参数面板如图 5-8 所示。

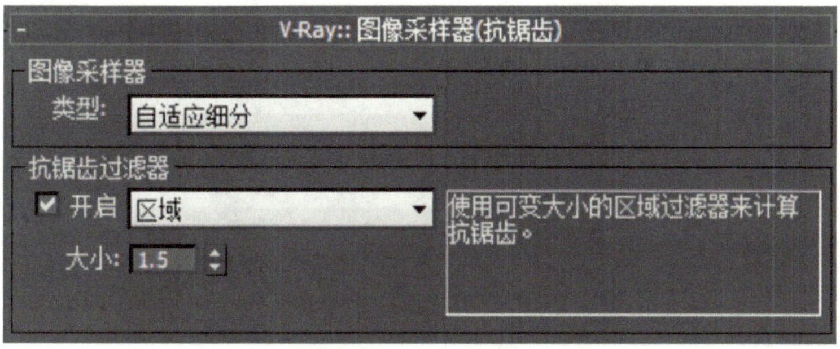

图 5-8 “V-Ray∷图像采样器(抗锯齿)”卷展栏

参数详解

（1）“图像采样器”参数区

图像采样器分为 3 种采样类型，分别是固定、自适应 DMC 和自适应细分，可以根据场景的不同选择不同的采样类型。

● 固定图像采样器：V-Ray 中最简单的采样器(见图 5-9)。每一个像素使用一个固定数量的采样，“细分”数值越高，采样品质越高，渲染时间越长。

图 5-9 “V-Ray∷固定图像采样器”卷展栏

(2)“抗锯齿过滤器”参数区

● 开启：如果选中该复选框,可以从右侧的下拉列表中选择一个抗锯齿方式对场景进行抗锯齿处理。在最终渲染时一般都应该选中此复选框,并选择相应的抗锯齿过滤器,一般选择 Mitchell-Netravali,Catmull-Rom 和 VRayLanczos 过滤器。在作图时一般采用以下两组设置方式,如图 5-12 所示。

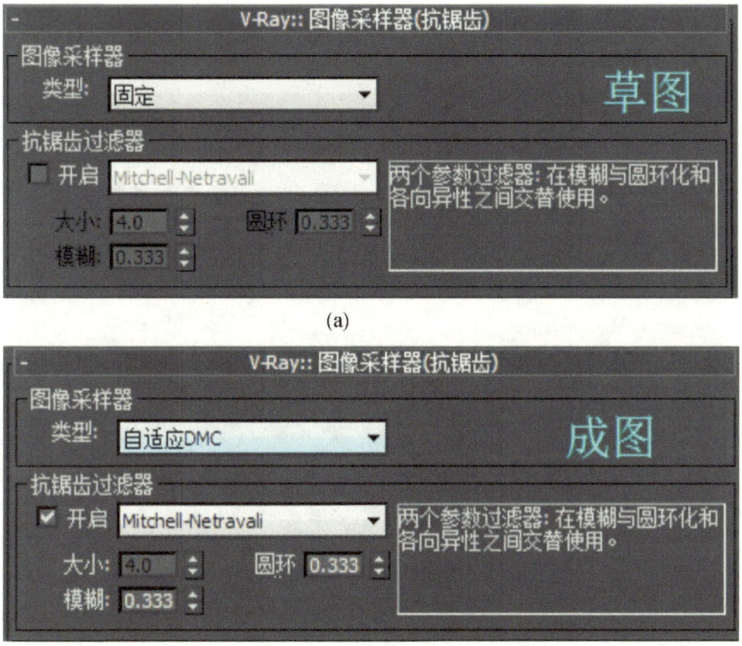

(a)

(b)

图 5-12 “V-Ray::图样采样器(抗锯齿)”卷展栏的设置

6. V-Ray::环境

V-Ray 的 GI 环境包括 V-Ray 天光、反射环境和折射环境,参数面板如图 5-13 所示。

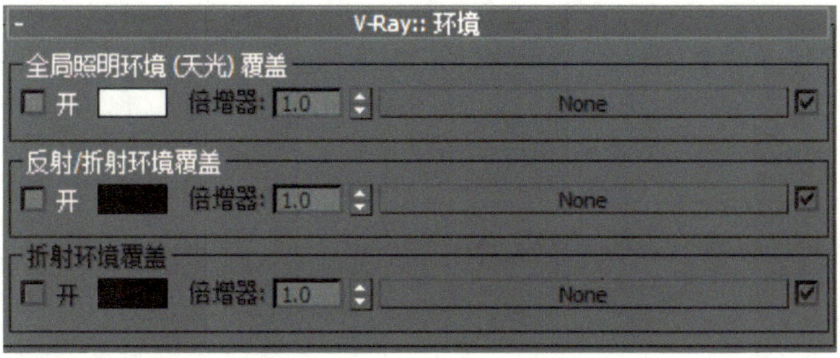

图 5-13 “V-Ray::环境”卷展栏

参数详解

(1)“全局照明环境(天光)覆盖”参数区

● 开:选中该复选框,可以打开 V-Ray 的天光。

● 色块:用来设置天光的颜色。

● 倍增器:天光亮度的倍增。值越大,天光的亮度越高。

● None(贴图通道):单击该按钮,可以选择不同的贴图作为天光的光照。

(2)“反射/折射环境覆盖”参数区

控制当前场景中的折射环境。

● 开:选中该复选框,可以打开 V-Ray 的反射/折射环境。

● 色块:用来设置反射/折射环境颜色。

● 倍增器:反射/折射环境亮度的倍增。值越大,反射/折射环境亮度越高。

● None(贴图通道):单击该按钮,可以选择不同的贴图作为反射/折射环境。

7. V-Ray::颜色映射

该卷展栏主要用于控制灯光方面的衰减,以及色彩的不同模式,参数面板如图 5-14 所示。

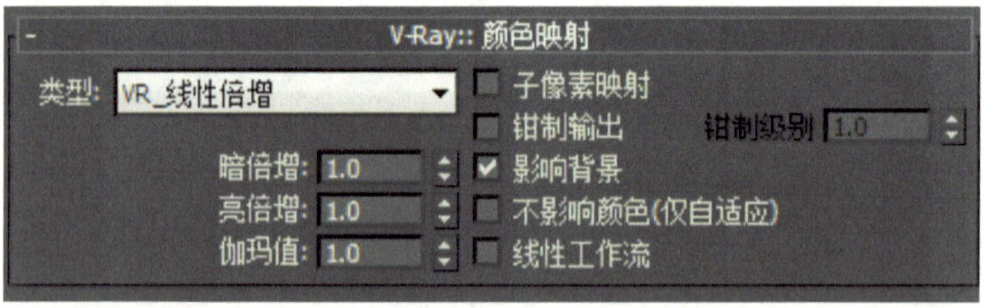

图 5-14 “V-Ray::颜色映射”卷展栏

参数详解

● 类型:提供了 7 种不同的曝光模式,局部参数也各不相同,分别是线性倍增、指数、HSV 指数、强度指数、伽玛校正、强度伽玛、莱因哈德。

◆ 线性倍增:基于最终图像色彩的亮度进行简单的倍增,那些太亮的颜色成分将会被抑制。但这种模式可能会导致靠近光源的点过分明亮。

◆ 指数:可以降低靠近光源处表面的曝光效果,同时场景的颜色饱和度降低,这对预防非常明亮的区域(如光源的周围区域等)的曝光是很有用的。该模式不抑制颜色的范围,而是让它们更饱和。

◆ HSV 指数:与上面提到的“指数”模式非常相似,但是它会保护色彩的色调和饱和度,并会取消高光计算。

◆ 强度指数:两种指数曝光的结合既抑制了光源附近的曝光效果,又保持了场景物体的颜色饱和度。

◆ 伽玛校正:采用伽玛来修正场景中的灯光衰减和贴图色彩,效果和“线性倍增”模式基本类似。

◆ 强度伽玛:此曝光模式不仅拥有“伽玛校正”模式的优点,同时还可以修正场景中灯。(光的衰减,修正场景中灯光的亮度。)

◆ 莱因哈德:它可以把“线性倍增”模式和“指数”模式的曝光效果混合起来。

● 暗倍增:在“线性倍增”模式下,对暗部的亮度进行控制,加大此数值可以提高暗部的亮度效果。

● 亮倍增:在“线性倍增”模式下,对亮部的亮度进行控制,加大此数值可以提高场景的对比度。

● 伽玛值:控制伽马值。

● 子像素映射:默认为未选中状态,这样能产生精确的渲染品质。

● 钳制输出:当选中该复选框后,在渲染图中有些无法表现出来的色彩会通过极限值自动纠正。但是当使用“高动态贴图”时,如果限制了色彩的输出会出现一些问题。

● 钳制级别:控制钳制输出的级别。

● 影响背景:设置曝光模式是否影响背景。当取消选中该复选框时,背景不受曝光模式的影响。

● 不影响颜色(仅自适应):不对像素色彩进行映射,只对亮度进行映射,即只对颜色的 HSV 的 V 成分进行映射。

8. V-Ray::像机

该卷展栏提供了 V-Ray 系统里的摄影机特效功能,主要包括摄影机类型、景深、运动模糊效果,参数面板如图 5-15 所示。

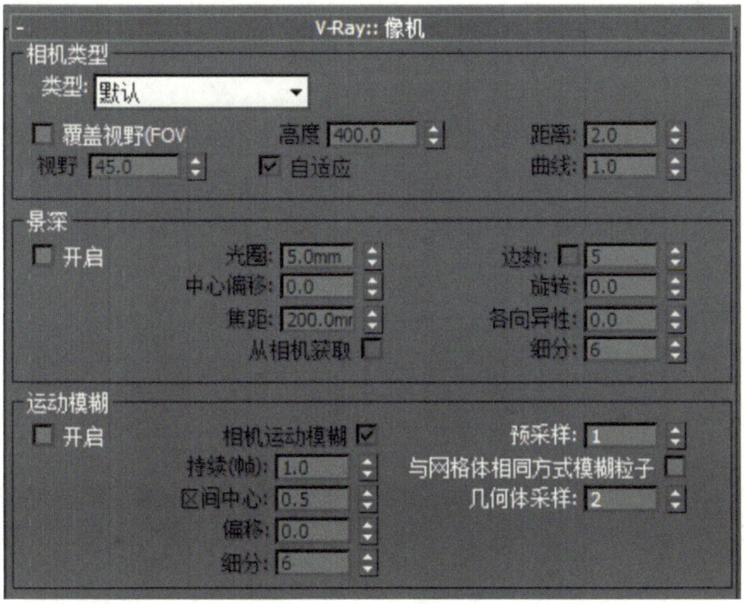

图 5-15 “V-Ray::像机”卷展栏

参数详解

（1）“相机类型”参数区

它主要定义三维场景投射到平面的不同方式。

● 类型：V-Ray 支持 7 种摄影机类型，分别是默认、球形、圆柱（点）、圆柱（正交）、盒、鱼眼、变形球（旧式）。

◆ 默认：默认摄影机和 3ds Max 里默认的摄影机效果相同，把三维场景投射到一个平面上。

◆ 球形：可以将三维场景投射到一个球面上。

◆ 圆柱（点）：这是一个由标准和球形摄影机叠加而成的摄影机，在水平方向上采用球形摄影机的计算方式，而在垂直方向上采用标准摄影机的计算方式。

◆ 圆柱（正交）：属于混合模式，在水平方向上采用球形摄影机的计算方式，而在垂直方向上采用视线平行排列的计算方式。

◆ 盒：把场景按照长方体方式展开。

◆ 鱼眼：类似一台标准摄影机对准一个完全反射的球体，该球体能够将场景完全反射到摄影机的镜头中。

◆ 变形球（旧式）：这是一种非完全球面的摄影机类型。

● 覆盖视野（FOV）：用来替代 3ds Max 默认摄影机的视角，3ds Max 默认摄影机的最大视角为 180°，而这里的视角最大可以设定为 360°。

● 视野：可以替换 3ds Max 默认的视角值，最大值为 360°。

● 高度：用于设定摄影机的高度，在选择“圆柱（正交）”类型时，此选项可用。

● 自适应：当选择“鱼眼”和“变形球（旧式）”类型时，此选项可用。选中该复选框，系统会自动匹配歪曲直径到渲染图的宽度上。

● 距离：当选择“鱼眼”类型时，此选项可用。在取消选中“自动调整”选项的情况下，该参数控制摄影机到反射球之间的距离。值越大，表示摄影机到反射球之间的距离越大。

● 曲线：当选择“鱼眼”类型时，此选项可用。该数值用来控制渲染图像的扭曲程度，数值越小，扭曲程度越大。

（2）“景深”参数区

它主要用于模拟摄影中的景深效果。只有选中了“开启”复选框后，景深效果才可以产生。

● 开启：打开或关闭景深。

● 光圈：使用世界单位定义虚拟摄影机的光圈尺寸。较小的光圈值将减小景深效果，较大的光圈值将产生更多的景深效果。

● 中心偏移：决定景深效果的一致性。值为 0，表示光线均匀地通过光圈；正值表示光线趋向于向光圈边缘集中；负值则表示光线趋向于向光圈中心集中。

● 焦距：确定从摄影机到焦点的距离。靠近或远离此距离的物体将变得模糊。

● 从相机获取：选中此复选框，如果渲染的是摄影机视图，那么焦距由摄影机的目标点确定。

● 边数：模拟真实世界摄影机多边形形状的光圈。取消选中该复选框，系统使用一个完美的圆形来作为光圈形状。

● 旋转：指定光圈形状的方位。

● 各向异性：用来控制多边形形状的各向异性。数值越大，形状越扁。

● 细分：该参数在前面多次提到，用于控制景深效果的品质。

(3)“运动模糊”参数区

它主要用于模拟真实摄影机能够拍摄到的物体根据运动方向和速度产生的运动模糊。

● 开启：打开或关闭运动模糊特效。

● 持续(帧)：在摄影机快门被打开时，指定在帧中持续的时间。

● 区间中心：指定关于3ds Max动画帧的运动模糊的时间间隔中心。值为0.5，表示运动模糊的时间区间中心位于动画帧之间的中部；值为0，表示运动模糊的时间区间中心位于精确的动画帧位置。

● 偏移：控制运动模糊效果的偏移。值为0，表示灯光均匀通过全部运动模糊间隔；正值表示光线趋向于间隔末端；负值则表示光线趋向于间隔起始端。

● 细分：确定运动模糊的品质。

● 预采样：控制在不同时间段上的模糊样本数量。

● 与网格体相同方式模糊粒子：用于控制粒子的模糊效果。选中该复选框，粒子系统会被作为正常的网格物体来产生模糊效果。然而，有许多粒子系统在不同的动画帧中会改变粒子的数量。也可以取消选中该复选框，使用粒子的速度来计算运动模糊。

● 几何体采样：设置产生近似运动模糊的几何学片断的数量，物体被假设在两个几何学样本之间进行线性移动。对于快速旋转的物体，需要增加这个参数值才能得到正确的运动模糊效果。

5.1.2 “VR_间接照明”选项卡

该选项卡主要包括“V-Ray::间接照明(全局照明)”、“V-Ray::发光贴图”、“V-Ray::穷尽-准蒙特卡罗”、“V-Ray::焦散”卷展栏，如图5-16所示。

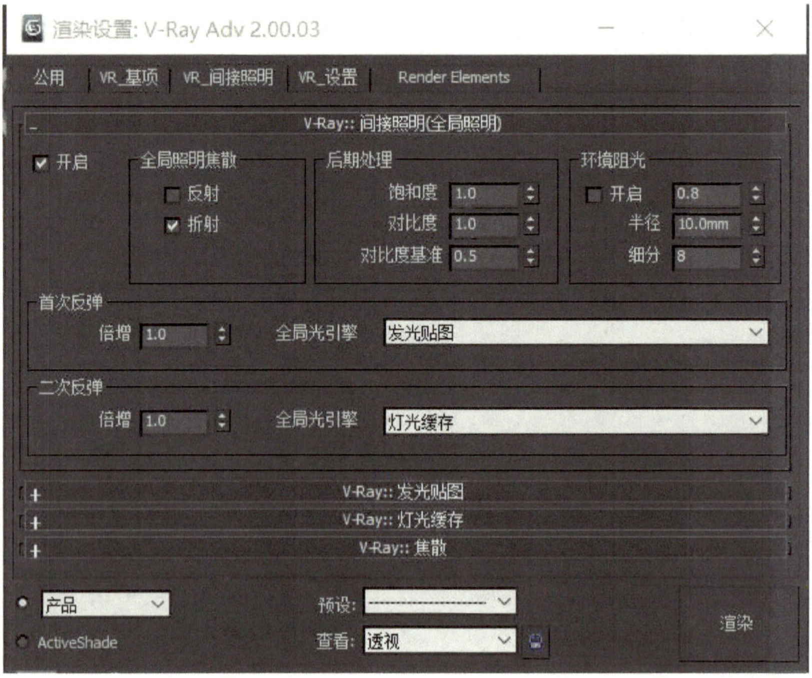

图 5-16 “VR_间接照明”选项卡

1. V-Ray::间接照明(全局照明)

该卷展栏主要控制是否使用全局光照焦散,全局光照渲染引擎使用什么搭配方式,以及对间接照明强度的全局控制,同时可以对饱和度、对比度进行简单调节,参数面板如图 5-17 所示。

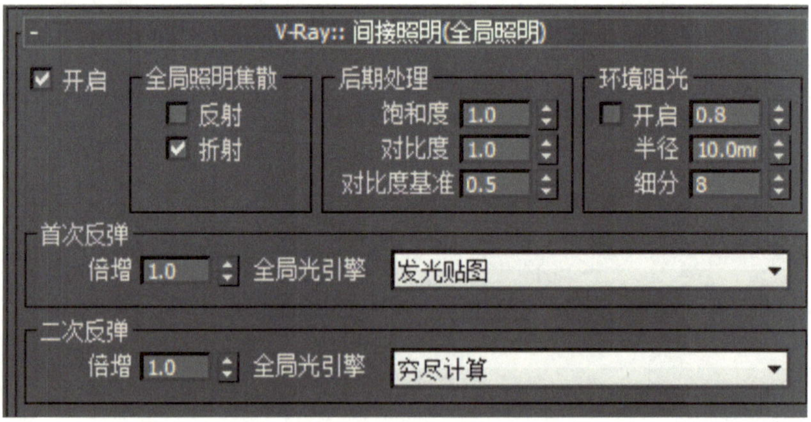

图 5-17 “V-Ray::间接照明(全局照明)”卷展栏

技巧与提示

全局光照的含义是，在渲染过程中考虑整个环境（三维场景）的总体光照效果和各种景物间光照的互相影响，在 V-Ray 渲染器中被理解为间接照明。

参数详解

● 开启：打开或关闭全局照明。

(1)“全局照明焦散”参数区

它主要控制间接照明产生的焦散效果，但是这里全局光照的焦散效果并不是很理想。如果想要得到更好的焦散效果，必须调整“V-Ray∷焦散”卷展栏中的参数。

● 反射：用于控制是否让间接照明产生反射焦散效果。

● 折射：用于控制是否让间接照明产生折射焦散效果。

(2)“后期处理”参数区

对渲染的图像进行饱和度、对比度控制。

● 饱和度：用于控制图像的饱和度。值越大，饱和度越强。

● 对比度：用于控制图像的对比度。值越大，对比度越强。

● 对比度基准：作用与“对比度”基本相似，主要控制图像的明暗对比度。值越大，明暗对比度越强烈。

(3)“首次反弹”参数区

光线的一次反弹控制。

● 倍增：用于控制一次反弹光的倍增器。值越大，一次反弹的光的能量越强，渲染场景越亮，默认为 1.0。

● 全局光引擎：在这里选择一次反弹的全局照明引擎，包括发光图、光子贴图、穷尽计算、灯光缓存。

(4)“二次反弹”参数区

光线的二次反弹控制。

● 倍增：用于控制二次反弹光的倍增器。值越大，二次反弹的光的能量越强，渲染场景越亮。默认为 1.0，最大值也为 1.0。

● 全局光引擎：这里选择二次反弹的全局光引擎，包括无、光子贴图、穷尽计算、灯光缓存、BF 算法。

2. V-Ray∷发光贴图

它专门对发光图渲染引擎进行细致调节，包括品质的设置、基础参数的调节及对普通选项、高级选项、渲染模式等内容的管理，是 V-Ray 的默认渲染引擎，也是 V-Ray 中最好的间接照明渲染引擎。

该卷展栏默认为禁用，只有在启用了“间接照明（全局照明）”以后才可以调整发光图贴的参数，参数面板如图 5-18 所示。

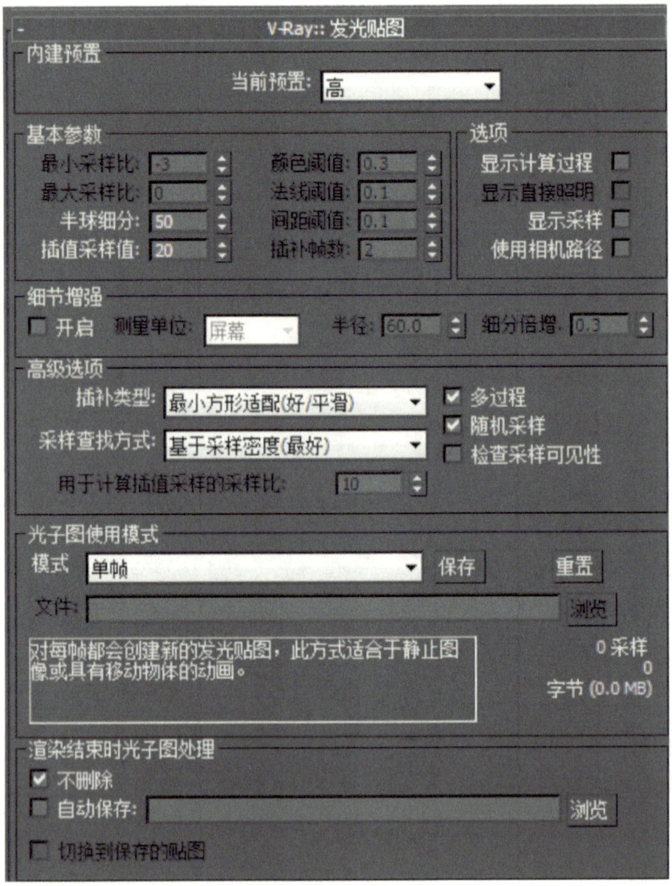

图 5-18 “V-Ray:: 发光贴图”卷展栏

参数详解

(1) “内建预置”参数区

● 当前预置：当前预置模式，系统提供了 8 种系统预设的模式，包括自定义、非常低、低、中、中-动画、高、高-动画、非常高。如无特殊情况，这几种模式应该可以满足一般需要。用户可以根据自己的需要选择不同的选项，以渲染出不同质量的效果。当选择“自定义”选项时，可以手动调节下面的参数。

(2) “基本参数”参数区

主要用于控制样本的数量、采样的分布及物体边缘的查找精度。

● 最小采样比：控制场景中平坦区域的采样数量。0 表示计算区域内的每个点都有样本；-1 表示计算区域的 1/2 是样本；-2 表示计算区域的 1/4 是样本。

● 最大采样比：控制场景中的物体边线、角落、阴影等细节的采样数量。0 表示计算区域的每个点都有样本；-1 表示计算区域的 1/2 是样本；-2 表示计算区域的 1/4 是样本。

● 半球细分:决定单独的全局光样本的品质。较小的数值可以获得较快的速度,但是也可能产生黑斑;较大的数值可以得到平滑的图像。它类似于直接计算的细分参数。

注意

它并不代表被追踪光线的实际数量,光线的实际数量接近于这个参数的平方值,并受 QMC 采样器相关参数的控制。

● 插补帧数:被用于插值计算的 GI 样本的数量。较大的值会趋向于模糊 GI 的细节,虽然最终的效果很光滑;较小的值会产生更光滑的细节,但是也可能会产生黑斑。

● 颜色阈值:确定发光贴图算法对间接照明变化的敏感程度,较小的值将使发光贴图对照明的变化更加敏感。

● 法线阈值:确定发光贴图算法对表面法线变化的敏感程度。

● 间距阈值:确定发光贴图算法对两个表面距离变化的敏感程度。

(3)"选项"参数区

控制渲染过程的显示方式和样本是否可见。

● 显示计算过程:如果选中该复选框,V-Ray 在计算发光贴图时将显示发光贴图的传递,同时会减慢渲染计算,占用一定的内存资源。

● 显示直接照明:只有在选中了"显示计算过程"复选框时才能被激活。它将促使V-Ray在计算发光贴图时显示初级漫反射反弹除了间接照明外的直接照明。

● 显示采样:显示样本的分布及分布的密度,帮助用户分析 GI 的精准度是否足够。

(4)"细节增强"参数区

● 开启:是否打开细节增强功能。

● 测量单位:细分半径的单位依据,有"屏幕"和"世界"两个单位选项。"屏幕"是指用渲染图的最后尺寸作为单位;"世界"是用 3ds Max 系统中的单位来定义。

● 半径:表示细节部分有多大区域使用细节增强功能。半径越大,使用细节增强功能的区域越大,渲染的时间就越慢。

● 细分倍增:主要是控制细节部分的细分。数值小,细部就会产生杂点,渲染速度比较快;数值大,细部就可以避免产生杂点,同时渲染速度增加。

(5)"高级选项"参数区

● 插补类型:V-Ray 提供了 4 种样本插补方式,为发光贴图样本的相似点进行插补。

◆ 权重平均值(好/强):一种简单的插补方式,可以将插补采样以一种平均值的方式进行计算,以得到较好的光滑效果。

◆ 最小方形适配(好/平滑):默认的插补方式,可以对样本进行最适合的插补采样,得到比"权重平均值(好/强)"更光滑的效果。

◆ Delone 三角剖面（好/精确）：最精确的插补方式，可以得到非常精确的效果，但是要有更多的“半球细分”值才不会出现斑驳效果，且渲染时间较长。

◆ 最小方形权重/泰森多边形权重：结合了权重平均值（好/强）和最小方形适配（好/平滑）两种方式的优点，但渲染时间较长。

● 查找采样方式：主要控制哪些位置的采样点适合作为基础插补的采样点。V-Ray 内部提供了以下 4 种样本查找方式。

◆ 平衡嵌块（好）：将插补点的空间划分为 4 个区域，然后尽量在其中寻找相等数量的样本，渲染效果比“最近（草稿）”好，但是渲染速度比“最近（草稿）”慢。

◆ 最近（草稿）：一种草图方式，简单地使用发光图里最靠近的插补点样本来渲染图形，渲染速度比较快。

◆ 重叠（很好/快速）：这种查找方式需要对发光图进行预处理，然后对每个样本半径进行计算。低密度区域样本的半径比较大，而高密度区域样本的半径比较小。渲染速度比其他 3 种都快。

◆ 基于采样密度（最好）：基于总体密度进行样本查找，这样做不仅物体边缘处理得非常好，而且物体表面也处理得十分均匀。其效果比“重叠（很好/快速）”更好，其速度也是 4 种查找方式中最慢的一种。

● 用于计算插值采样的采样比：它用于计算发光贴图的过程中计算已经被查找后的插补样本的使用数量。较小的值可以加速计算过程，但是会导致信息不足；较大的值计算速度会减慢，但是所利用的样本数量比较多，所以渲染质量也比较好。官方推荐使用10～25 之间的数值。

● 多过程：当选中该复选框时，V-Ray 会根据最大采样比和最小采样比进行多次计算。取消选中该复选框，则强制一次性计算完。一般多次计算以后的样本的分布会均匀合理一些。

● 随机采样：控制发光贴图的样本是否随机分配。

● 检查采样可见性：在灯光通过比较薄的物体时，很有可能会产生漏光现象，选中该复选框可以解决该问题，但是渲染时间会长一些。通常在比较高的 GI 情况下也不会漏光，所以一般情况下不用选中该复选框。

（6）“光子图使用模式”参数区

● 模式：一共有以下 8 种模式。

◆ 单帧：一般用来渲染静帧图像。

◆ 多帧累加：用于渲染仅有摄影机移动的动画。当 V-Ray 计算完第 1 帧的光子以后，根据第 1 帧里没有的光子信息重新计算后面的帧，这样就节约了渲染时间。

◆ 从文件：当渲染完光子以后，可以将其保存起来，这个选项可以调用保存的光子图进行动画计算（静帧同样也可以这样）。

◆ 添加到当前贴图：当渲染完一个角度时，可以把摄影机旋转一个角度再重新计算新角度的光子，最后把这两次的光子叠加起来，这样的光子信息更丰富、更准确，当然也可以进行多次叠加。

◆ 增量添加到当前贴图：这个模式和“添加到当前贴图”模式相似，只不过它不是重新计算新角度的光子，而是只对没有计算过的区域进行新的计算。

◆ 块模式：把整个图像分成块来计算，渲染完一个块再进行下一个块的计算。但是在低 GI 的情况下，渲染出来的块会出现错位的情况。它主要用于网络渲染，渲染速度比其他模式快。

◆ 动画（预通过）：适合动画预览，选用这种模式要预先保存好光子贴图。

◆ 动画（渲染）：适合最终动画渲染，选用这种模式要预先保存好光子贴图。

● “保存”按钮：将光子图保存到硬盘。

● “重置”按钮：将光子图从内存中清除。

● 文件：设置光子图所保存的路径。

● “浏览”按钮：从硬盘中调用需要的光子图进行渲染。

(7) “渲染结束时光子图处理”参数区

● 不删除：当光子图渲染完以后，不把光子图从内存中删掉。

● 自动保存：当光子图渲染完以后，将其自动保存在硬盘中，单击该按钮就可以选择保存的位置。

● 切换到保存的贴图：当选中了“自动保存”复选框后，在渲染结束时会自动进入“从文件”模式并调用光子贴图。

3. V-Ray 灯光缓存

灯光缓存与发光图比较相似，都是将最后的光发散到摄影机后得到最终图像，只是灯光缓存与发光图的光线路径是相反的。发光图的光线追踪方向是从光源发射到场景的模型中，最后再反弹到摄影机；而灯光缓存是从摄影机开始追踪光线到光源，摄影机追踪光线的数量就是灯光缓存的最后精度。由于灯光缓存是从摄影机方向开始追踪光线的，所以最后的渲染时间与渲染图像的像素没有关系，只与其中的参数有关。它一般适用于二次反弹，其参数面板如图 5-19 所示。

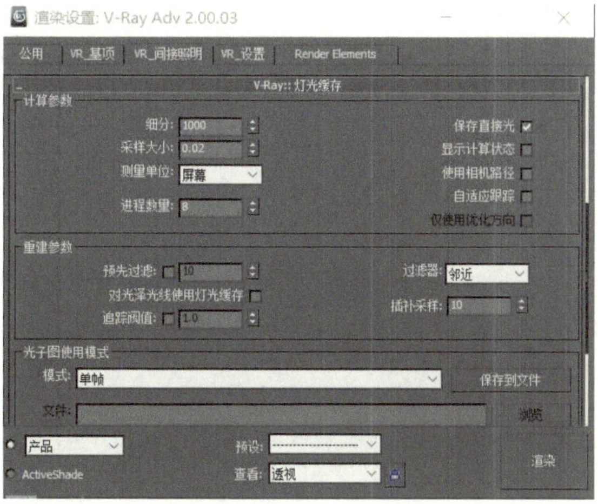

图 5-19 “V-Ray :: 灯光缓存”卷展栏

注意

默认应该是“V-Ray::BF—强算全局光”卷展栏，但是在制图过程中一般都是将“二次反弹”选择为“灯光缓存”，所以在这里对这项参数进行详细讲解。

参数详解

(1)“计算参数”参数

● 细分：用于决定灯光缓存的样本数量。值越大，样本总量越多，渲染效果越好，渲染时间越慢。

● 采样大小：用于控制灯光缓存的样本大小，比较小的样本可以得到更多的细节，但是同时需要更多的样本。

● 测量单位：主要用于确定样本的大小基于的单位，这里提供了以下两种单位，一般在效果图中使用“屏幕”选项，在动画中使用“世界”选项。

● 进程数量：由 CPU 的个数来确定。如果是单核单线程，那么就可以将其设定为 1；如果是双核，就可以将其设定为 2。注意，这个值设定得太大，会使渲染的图像模糊。

● 保存直接光：选中该复选框后，灯光缓存将保存直接光照信息。当场景中有很多灯光时，使用这个选项会调高渲染速度。因为它已经把直接光照信息保存到灯光缓存里，在渲染出图时不需要对直接光照再进行采样计算。

● 显示计算状态：选中该复选框后，可以显示灯光缓存的计算过程，方便用户观察。

● 自适应跟踪：记录场景中的灯光位置，并在光的位置上采用更多的样本，同时模糊特效也会被处理得更快，但是会占用更多的内存资源。

● 仅使用优化方向：当选中“自适应跟踪”复选框后才被激活。它的作用是只记录直接光照的信息，而不考虑间接照明，这样可以加快渲染速度。

(2)“重建参数”参数区

● 过滤器：当选中该复选框后，可以对灯光缓存的样本进行提前过滤，共有以下 3 个选项。

◆ 无：对样本不进行过滤。

◆ 邻近：当使用该过滤方式时，过滤器会对样本的边界进行查找，然后对色彩进行均化处理，从而得到一个模糊的效果。

◆ 固定：这个方法和“最近”方式的不同点在于，它采用对距离的判断来对样本进行模糊处理。

● 对光泽光线使用灯光缓存：选中该复选框后，会提高对场景中反射和折射模糊效果的渲染速度，使渲染效果更加平滑，但会影响到细节效果。

（3）“光子图使用模式”参数区

● 模式：设置光子图的使用模式，共有以下 4 种。

◆ 单帧：一般用来渲染静帧图像。

◆ 穿行：用于动画方面，把第 1 帧到最后 1 帧的所有样本都融合在一起。

◆ 从文件：使用这个模式，V-Ray 会导入一个预先渲染好的光子贴图，该功能只渲染光影追踪。

◆ 渐进路径跟随：这个模式就是常说的 PPT。它是一种新的精确的计算方式，计算不停止。

● 样本：不对任何样本进行优化。直到样本计算完毕为止。

●“保存到文件”按钮：将保存的内存中的光子圈再次进行保存。

●“浏览”按钮：从硬盘中浏览保存好的光子图。

（4）“在渲染结束后”参数图

● 自动保存：当光子图渲染完以后，将其自动保存在硬盘中，单击“浏览”按钮可以选择保存的位置。

● 切换到被保存的缓存：当选中“自动保存”复选框后，这个复选框才被激活，选中该复选框后，系统会自动只用最新渲染的光子图进行大图渲染。

4. V-Ray :: 焦散

焦散是光线穿过玻璃透明物体或从金属表面反射后所产生的一种特殊的物理现象。在 V-Ray 渲染器里有专门的焦散参数，默认状态下是关闭的，参数面板如图 5-20 所示。

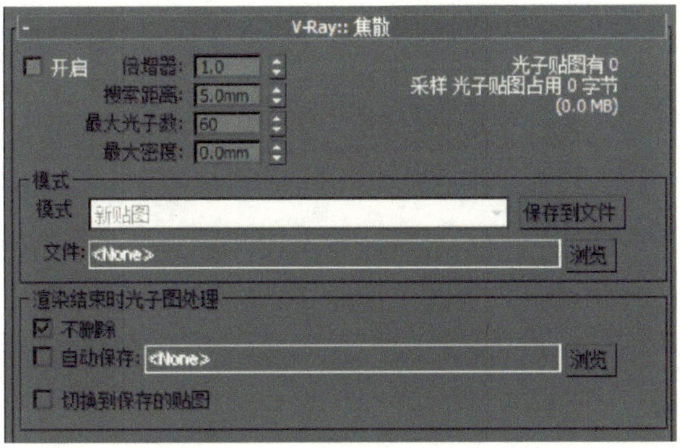

图 5-20 “V-Ray :: 焦散”卷展栏

参数详解

● 开启：打开或关闭焦散效果。

● 倍增器：用于控制焦散的强度。数值越高，焦散效果越亮。

● 搜索距离：当光子追踪撞击在物体表面时，会自动搜寻位于周围区域同一平面的其他光子。实际上这个搜寻区域是一个以撞击光子为中心的圆形区域，其半径就是由这个搜寻距离确定的，较小的数值会产生斑点，较大的数值会产生模糊的焦散。

● 最大光子数：定义单位区域内的最大光子数量，然后根据单位区域内的光子数量均匀照明。较小的数值不容易得到焦散效果，较大的数值容易导致焦散效果模糊。

● 最大密度：用来控制光子的最大密度。默认数值为0，表示使用V-Ray内部确定的密度，较小的数值会让焦散效果看起来比较锐利。

（1）“模式”参数区

● 模式：V-Ray内部提供了两种模式。

◆ 新贴图：选用这种方式，光子贴图将会被重新计算，其结果会覆盖先前渲染过程中使用的焦散光子贴图。

◆ 从文件：允许用户导入先前保存的焦散光子贴图来计算。

● “浏览”按钮：用于选择文件。

● “保存到文件”按钮：可以将当前使用的焦散光子贴图保存在指定文件夹中。

（2）“渲染结束时光子图处理”参数区

● 不删除：当选中该复选框时，V-Ray在完成场景渲染后会在内存中保留光子图；否则，该光子图会被删除，同时内存被释放。

注意

如果打算对某一特定场景的光子图只计算一次，并在今后的渲染中再次使用，那么可利用该复选框。

● 自动保存：选中该复选框，在渲染完成后，V-Ray自动保存使用的焦散光子贴图到指定目录。

● 切换到保存的贴图：在选中“自动保存”复选框时才被激活，它自动促使V-Ray渲染器转换到“从文件”模式，并使用最后保存的光子贴图来计算焦散。

5.1.3 “VR_设置”选项卡

“设置”选项卡主要包括“V-Ray :: DMC采样器”、“V-Ray :: 默认置换”、“V-Ray :: 系统”卷展栏，如图5-21所示。

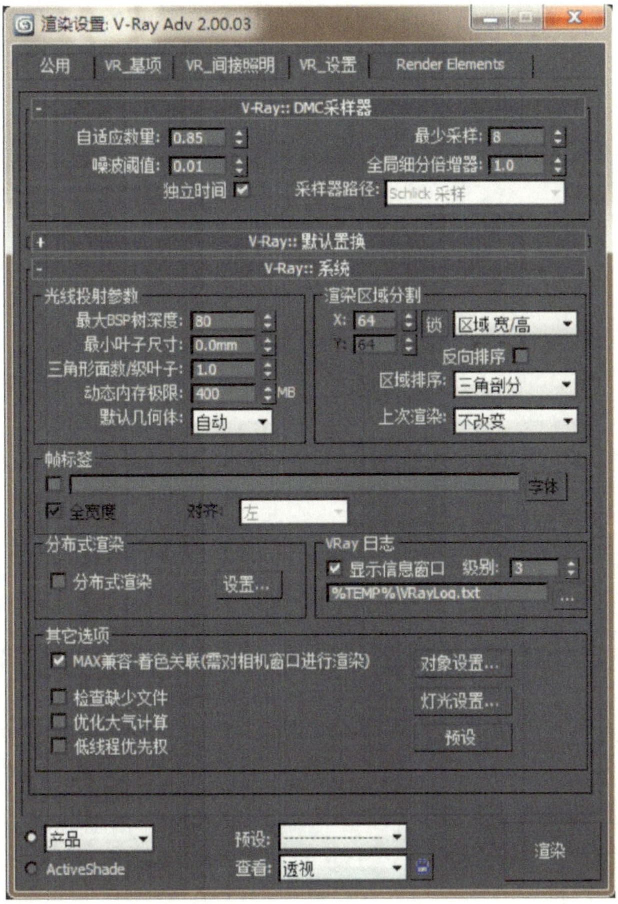

图 5-21 “V-Ray :: 设置”卷展栏

1. V-Ray :: DMC 采样器

DMC 采样器是 V-Ray 渲染器的核心部分，主要用于控制场景中反射模糊、折射模糊、面光源、景深、动态模糊等效果，参数面板如图 5-22 所示。

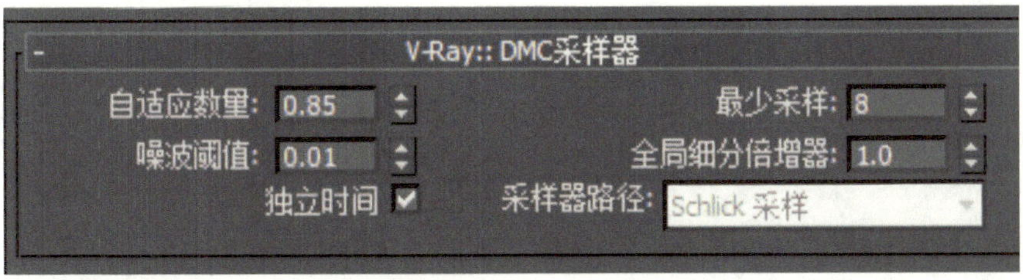

图 5-22 “V-Ray :: DMC 采样器”卷展栏

参数详解

● 自适应数量：用来控制早期终止应用的范围。数值为 1 时，表示最大程度的早期终止；数值为 0 时，则表示早期终止不会被使用。数值越大，渲染速度越快；数值越小，渲染速度越慢。

● 噪波阈值：用于控制最终图像的品质。较小的取值意味着较少的杂点、更多的采样使用及更好的图像品质。数值越大，渲染速度越快；数值越小，渲染速度越慢。

● 最少采样：用于确定在早期终止计算方法被使用之前必须获取的最少采样数量。数值越小，渲染速度越快；数值越大，渲染速度越慢。

● 全局细分倍增器：用于控制 V-Ray 中的任何细分值。在对场景进行测试的时候，可以减小这个数值，快速得到预览效果。

● 独立时间：如果选中该复选框，在渲染动画时会强制每帧都用一个 DMC 采样器。

2. V-Ray::默认置换

该卷展栏主要控制 3ds Max 系统里的置换修改效果和 V-Ray 材质里的置换贴图，参数面板如图 5-23 所示。

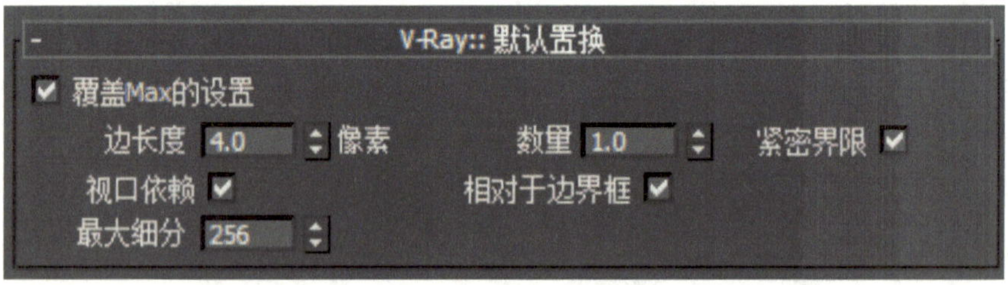

图 5-23 “V-Ray::默认置换”卷展栏

参数详解

● 覆盖 Max 的设置：选中该复选框后，3ds Max 系统里置换修改器的效果会被此处设定的参数效果替代，同时对 V-Ray 材质里的置换贴图效果产生作用。

● 边长度：定义三位置换产生的三角面的边线长度。数值越小，产生的三角面越多，置换品质越高。

● 视口依赖：选中该复选框，边界长度以像素为单位；取消选中该复选框，则以世界单位定义边界长度。

● 最大细分：控制置换产生的一个三角面里最多能包含多少个小三角面。

● 数量：控制置换效果的强度。值越大，效果越强烈，负值将产生凹陷的效果。

● 相对于边界框：置换的数量以长方形的边界为基础，这样置换的效果非常强烈。

● 紧密界限：选中该复选框后，V-Ray 会对置换贴图进行预先分析。如果置换贴图的色阶比较平淡，那么会加快渲染速度；如果置换贴图的色界比较丰富，那么渲染速度会减慢。

3. V-Ray :: 系统

该卷展栏主要控制着 V-Ray 的系统设置，主要包括光线投射参数、渲染区域分割、帧标签、分布式渲染、V-Ray 日志等，参数面板如图 5-24 所示。

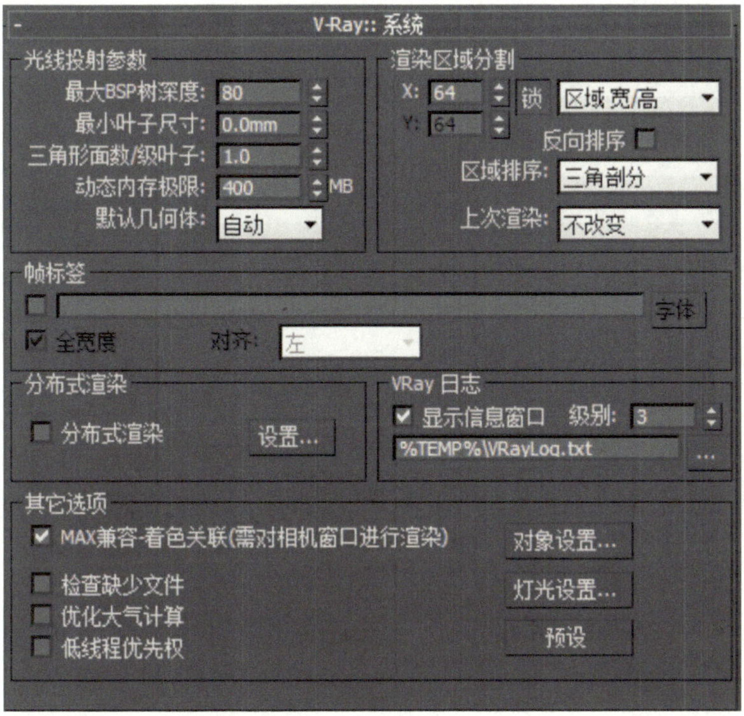

图 5-24 “V-Ray :: 系统”卷展栏

参数详解

（1）“光线投射参数”参数区

● 最大 BSP 树深度：控制根节点的最大分支数量。数量大会加快渲染速度，同时占用较多的内存。

● 最小叶子尺寸：控制叶节点的最小尺寸。当达到叶节点尺寸以后，渲染速度减慢。这个值应根据不同场景来设定，以提高渲染速度。

● 动态内存极限：控制动态内存的数量。注意这里的动态内存会被分配给每个线程。如果是双线程，那么每个线程各占一半的动态内存。如果这个数值较小，系统会在内存中进行加载，并释放一些信息，这样就减慢了渲染速度。用户应该根据自己电脑的内存情况调整这个数值。

● 默认几何体：用于控制内存的使用方法。V-Ray 提供了 3 种方式，分别是静态、动态和自动。

◆ 静态：在渲染过程中采用静态内存会使渲染速度加快。在复杂场景中，该方式由于需要的内存资源较多，经常出现跳出的情况，这是因为系统需要更多的内存资源，此时应该选择“动态”选项。

◆ 动态：使用内存交换技术，渲染完一个块，就会释放占用的内存资源，同时开始下一个块的计算，这样有效地提高了内存的使用效率。注意动态的渲染速度比静态慢。

◆ 自动：基于电脑物理内存的大小，依据场景的大小来判断使用静态内存方式还是使用动态内存方式。

(2) “渲染区域分割”参数区

主要控制渲染区域的各项参数。

● X：显示渲染块像素的宽度。在右侧选择“区域计算”选项时，表示水平方向渲染块个数。

● Y：显示渲染区域像素的高度。在右侧选择“区域计算”选项时，表示垂直方向渲染块个数。

● 上次渲染：确定渲染开始的时候，在3ds Max的帧缓存中以何种方式进行上次图像的渲染。设置这些参数不会影响最终渲染效果，系统提供了6种方式。

◆ 不改变：保持和前一次渲染图像相同。

◆ 交叉：每隔两格，像素图像被设置为黑色。

◆ 场：每隔1条线，像素图像被设置为黑色。

◆ 变暗：图像的颜色被设置为黑色。

◆ 蓝色：图像的颜色被设置为蓝色。

◆ 清除：图像的颜色被消除掉。

(3) “帧标签”参数区

按照一定规则显示关于渲染的相关信息。

● 字体：可以修改标记里面的字体属性。

● 全宽度：标记的最大宽度。当选中此复选框后，它的宽度和渲染图形的宽度一致。

(4) “其它选项”参数区

主要控制场景中物体、灯光的设置，以及系统线程的控制等。

● Max兼容-着色关联(需对相机窗口进行渲染)：有些3dx Max插件是采用摄影机空间进行计算的，因为它们都是针对默认的扫描线渲染器而开发的。为了保持与这些插件的兼容性，V-Ray通过转换来自这些插件的点或向量的数据，在摄影机空间进行模拟计算。

● 检查缺少文件：当选中该复选框后，V-Ray会试图在场景中寻找丢失的文件，并将它们列表，最后保存到C:\vraylog.txt中。

● 优化大气计算：当场景中具有大气效果且大气比较稀薄时，选中该复选框会得到较优秀的大气效果。

● 低线程优先权：当选中该复选框时，V-Ray将使用低线程进行渲染。

● “对象设置”按钮：单击该按钮，会弹出对象属性面板，可以设置场景物体的部分参数。

● “灯光设置”按钮：单击该按钮，会弹出灯光属性面板，可以设置场景灯光的部分参数。

● “预设”按钮：单击该按钮，会弹出预置面板，其作用是保持当前 V-Ray 渲染参数的各种性能，方便以后调用。

5.2 实例操作

下面通过渲染别墅客厅来讲解如何设置场景灯光、渲染参数，并介绍操作流程，最终效果如图 5-25 所示。

图 5-25 别墅客厅最终效果

（1）启动 3ds Max 2013 中文版。

（2）打开“场景\第五章\别墅客厅. max”文件。这个场景的材质及摄影机设置已完成，下面主要讲解灯及 V-Ray 渲染设置。

（3）按 m 键，弹出“材质编辑器”窗口，已使用过的材质球全部显示为黑色，效果如图 5-26 所示。

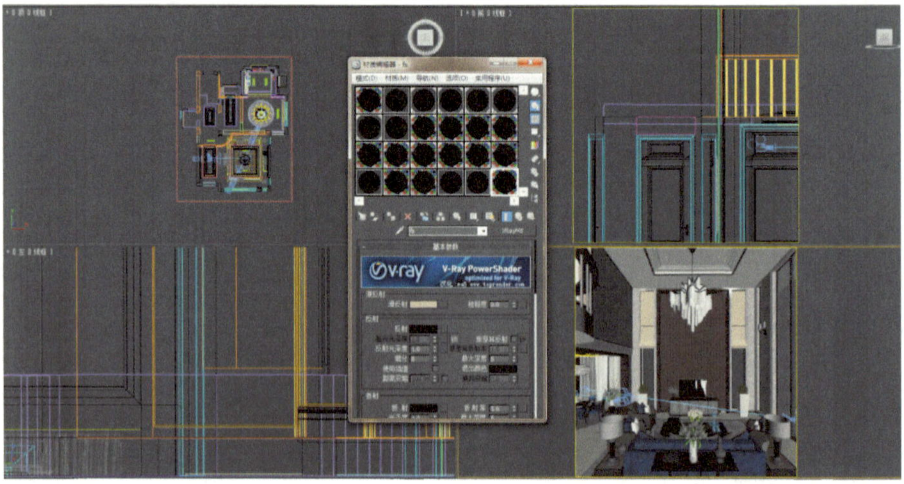

图 5-26　材质球效果

出现这种现象是因为没有指定 V-Ray 为当前渲染器，此时可指定 V-Ray 为当前渲染器。

（4）按 F10 键，弹出“渲染设置”窗口，选择“公用”选项卡，在“指定渲染器”卷展栏下单击 ... 按钮，弹出“选择渲染器”对话框并在其中选择 V-Ray Adv 2.00.03，如图 5-27 所示。

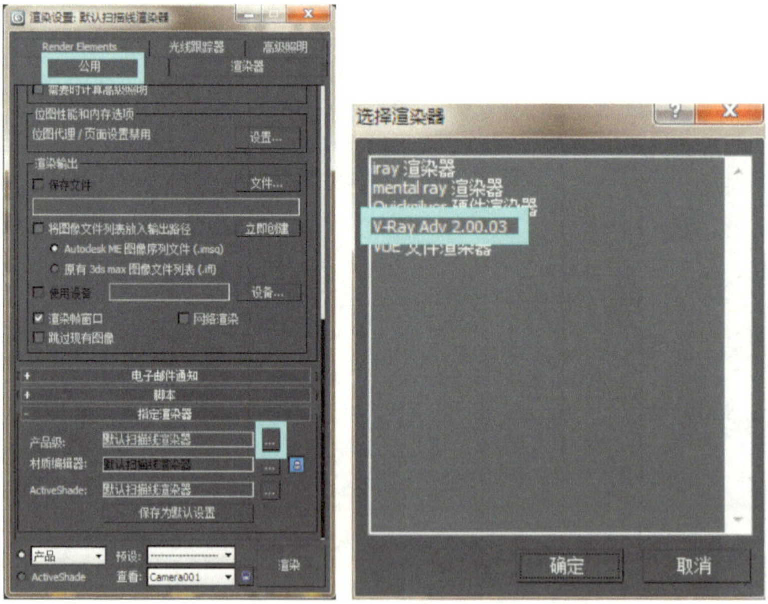

(a)　　　　(b)

图 5-27　渲染器设置

（5）此时的材质球显示正常，效果如图 5-28 所示。

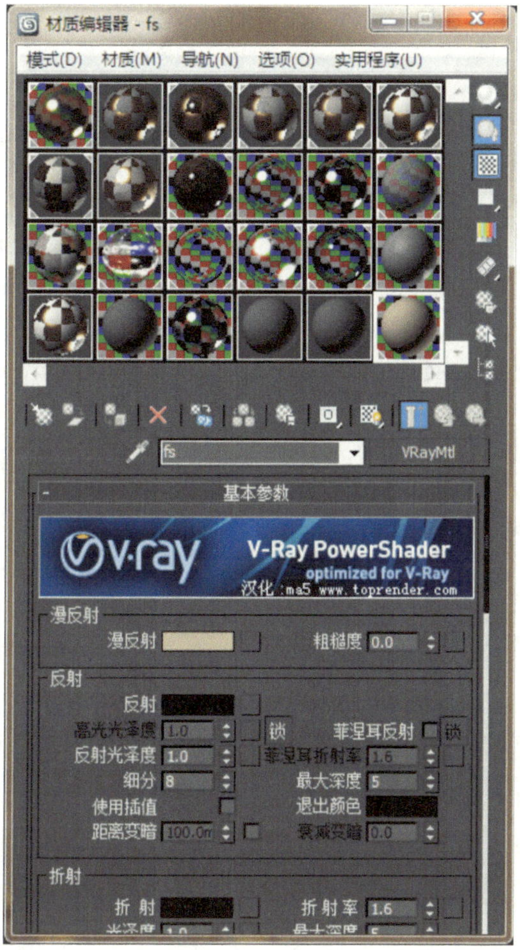

图 5-28 材质球效果

（6）确认当前视图为摄影机视图，然后单击“渲染产品”按钮进行快速渲染，此时发现效果并不理想（见图 5-29），这是因为场景中没有设置灯光及渲染参数。

图 5-29　渲染效果

（7）设置“V-Ray :: 图像采样器（抗锯齿）”、“V-Ray :: 环境”、“V-Ray :: 间接照明”、“V-Ray :: 发光贴图”等卷展栏参数，如图 5-30 所示。

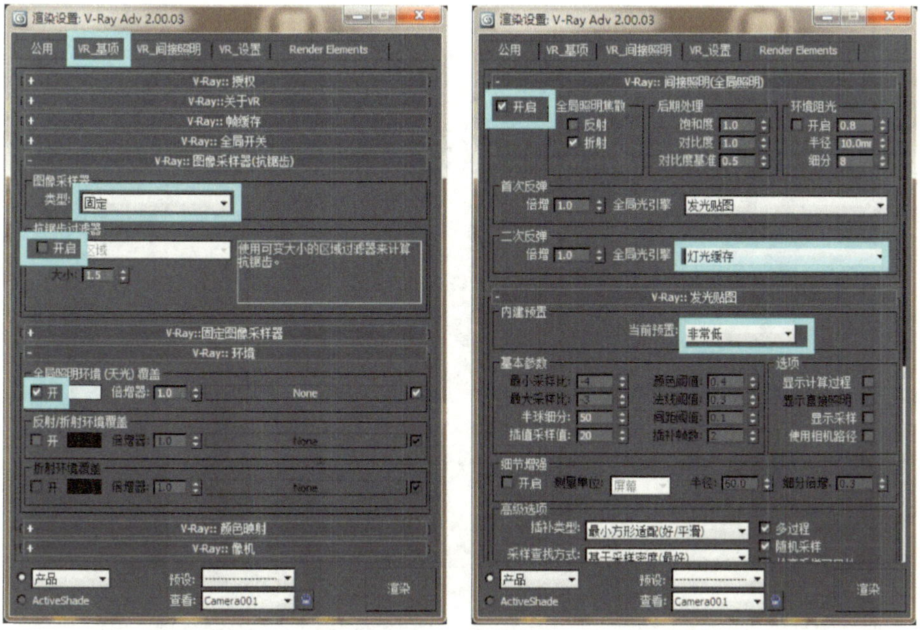

(a) (b)

图 5-30 设置渲染参数

(8) 设置“V-Ray 灯光缓存”卷展栏参数,如图 5-31 所示。

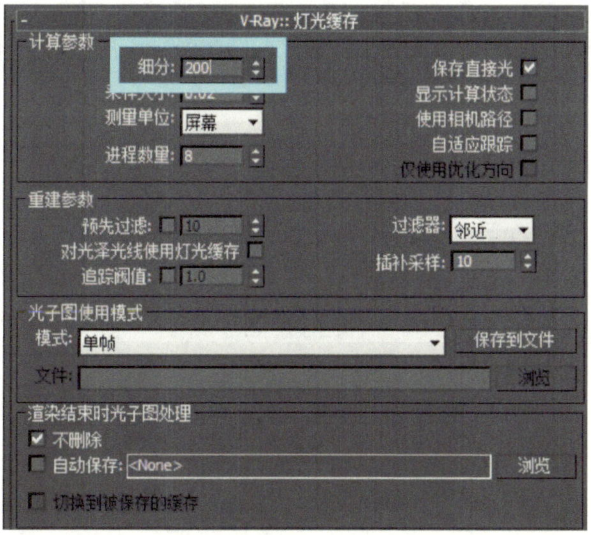

图 5-31 灯光缓存参数设置

(9) 单击“渲染产品”按钮进行快速渲染,得到如图 5-32 所示的效果。

图 5-32　渲染效果

渲染效果并不理想，这是因为场景中只使用 V-Ray 天光，导致画面中出现大量的黑斑，整体亮度不够。下面解决这些问题。

首先设置灯光。

（10）单击“创建”|“灯光”按钮，在前视图中单击并拖动鼠标创建一盏 V-Ray 灯光，调整参数，将灯光的颜色调整为淡黄色，设置“倍增”为 12，选中“不可见”复选框，将其移动到顶部；单击“创建”“灯光”按钮，在前、右视图各创建两盏 V-Ray 灯光，调整参数，将灯光的颜色调整为天蓝色，设置“倍增”为 8，选中“不可见”复选框，将其移动到窗户位置，模拟太阳光效果；单击“创建”“灯光”按钮，设置天花板灯槽的发光效果，效果如图 5-33 所示。

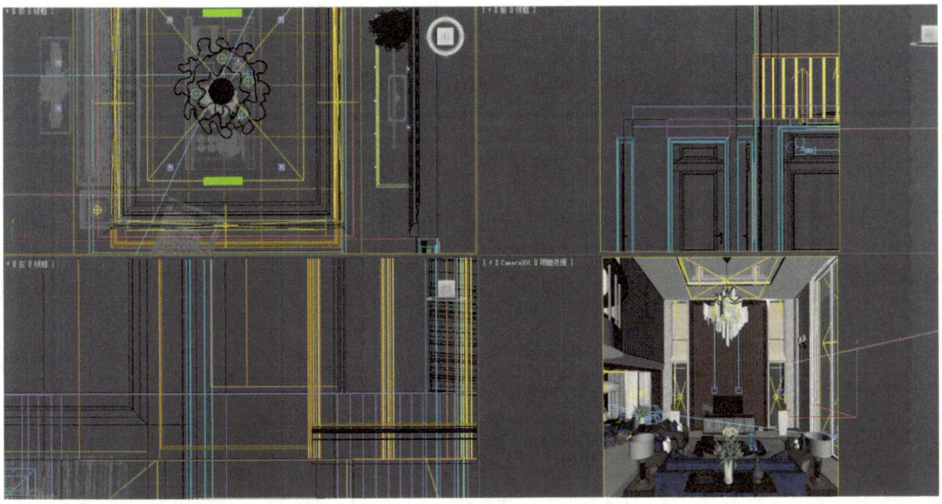

图 5-33　灯光效果

（11）单击“创建”|“灯光”|“光度学”按钮，在左视图拖动鼠标创建一盏目标灯光，将其移动到任意一盏筒灯的位置，单击“修改”按钮进入“修改”命令面板。修改参数如图 5-34 所示。

图 5-34　目标灯光

灯光设置完成，下面设置渲染参数。

（12）按 F10 键，弹出“渲染设置”窗口，设置“V-Ray :: 图像采样器（抗锯齿）”、“V-Ray :: 颜色映射”、“V-Ray :: 发光图”、“V-Ray :: 灯光缓存”等卷展栏参数，如图 5-35 所示。

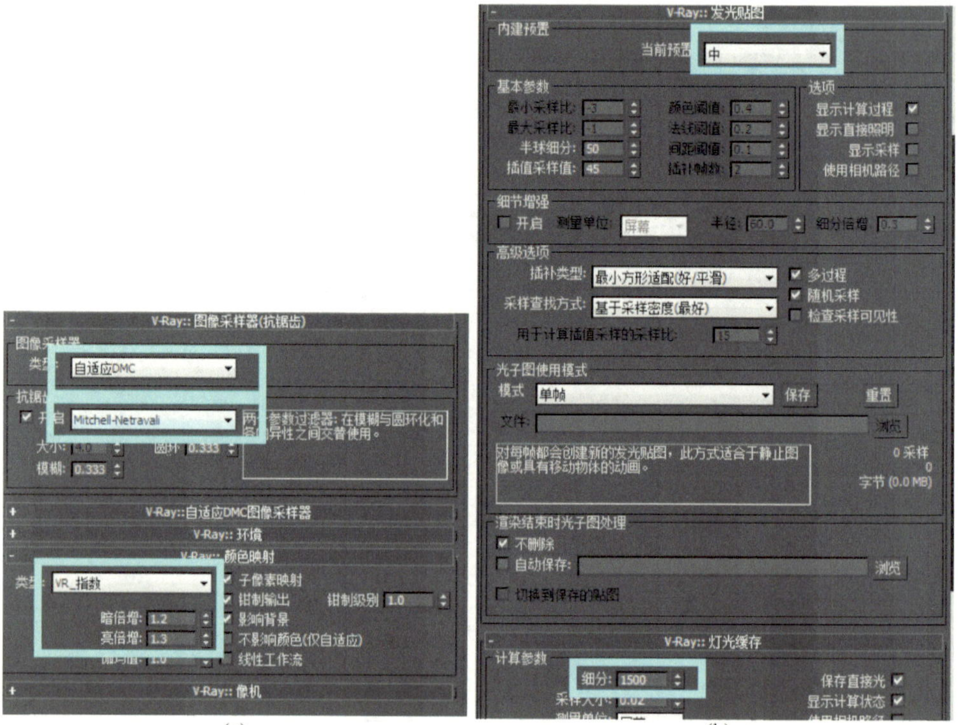

(a) (b)

图 5-35 渲染参数设置

（13）参数设置完成后单击选项卡，设置尺寸，渲染摄影机视图，如图 5-36 所示。

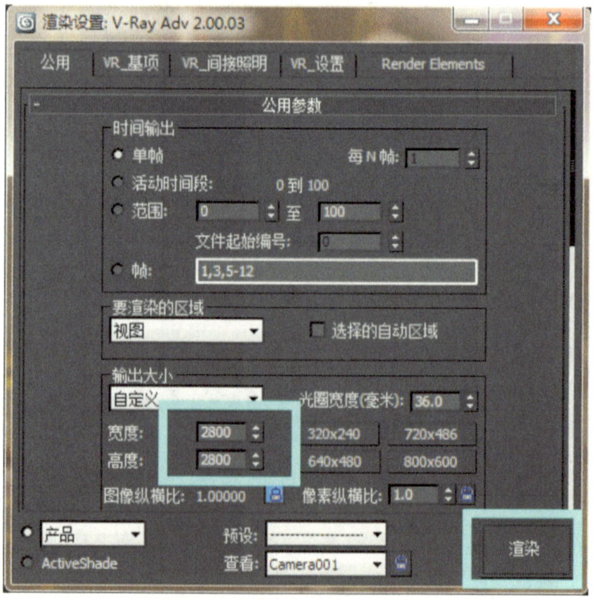

图 5-36 渲染摄像机视图

(14) 经过一段时间的渲染,最终渲染效果如图 5-37 所示。

图 5-37 渲染效果

（15）打开 Photoshop 进行微调，最终效果如图 5-38 所示。

图 5-38　最终效果

第 6 章　效果图后期处理

实战 6.1　使用曲线调整图像的亮度

实例介绍

所谓后期处理就是对图像进行修饰，将效果图在渲染中不能实现的效果在后期处理中完美地体现出来。后期处理是效果图制作中非常关键的一步，在一般情况下都是使用 Adobe 公司的软件 Photoshop 进行后期处理。图 6-1 是 Photoshop CS6 的启动界面。

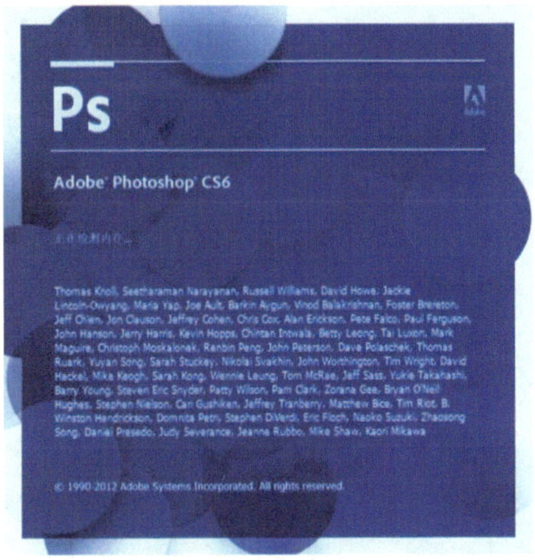

图 6-1　Photoshop CS6 启动界面

本案例将使用曲线功能调整图像的亮度，如图 6-2 所示。

(a)　(b)

图 6-2　亮度调整

操作步骤

(1) 启动 Photoshop，然后按 Ctrl + O 组合键打开素材图片，如图 6-3 所示，打开后的界面效果如图 6-4 所示。

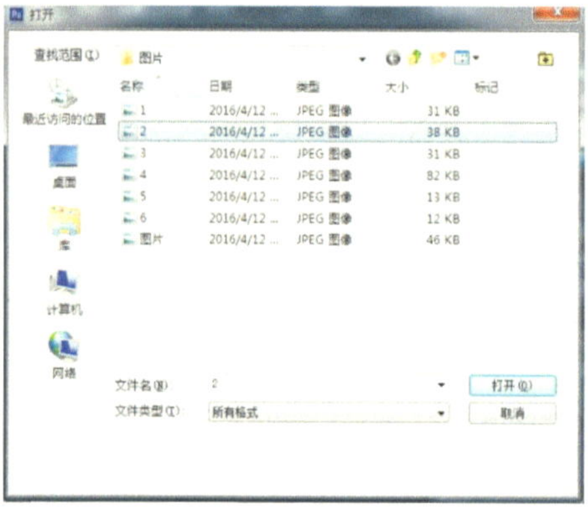

图 6-3 “打开”对话框

图 6-4 操作界面

技巧与提示

在 Photoshop 中打开文件共有以下几种方法:

① 按 Ctrl + O 组合键。

② 执行“文件”|“打开”命令。

③ 直接将文件拖拽到操作界面中。

(2) 在“图层”调板中选择“背景”图层,然后单击鼠标右键,接着在弹出的菜单中选择“复制图层”命令,最后在弹出的对话框中单击“确定”按钮(见图 6-5),复制图层的图层调板(见图 6-6)。

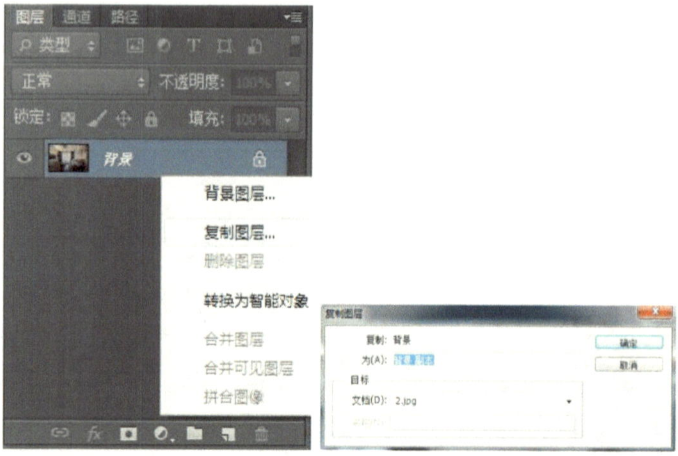

(a) (b)

图 6-5 复制图层

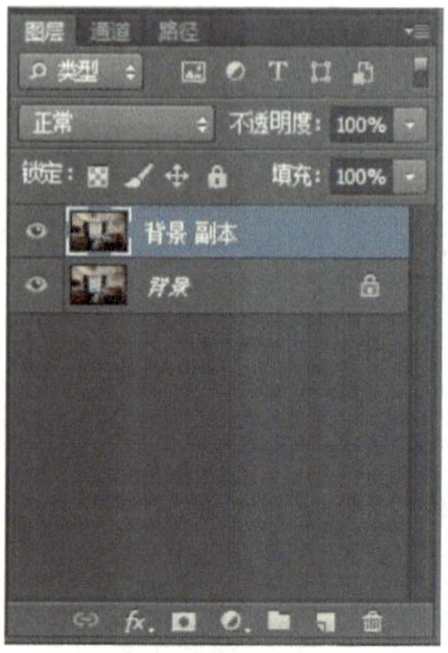

图 6-6 图层调板

技巧与提示

在实际工作中,为了节省操作时间,一般使用快捷键进行操作,复制图层的快捷键为 Ctrl + J 组合键。

(3) 执行“图像”|“调整”|“曲线”命令或按 Ctrl + M 组合键，打开“曲线”对话框，如图 6-7 所示。

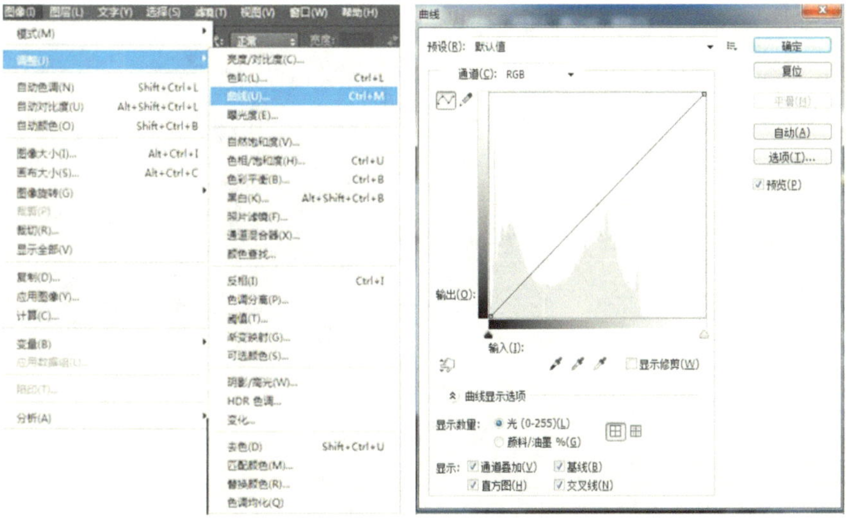

(a) (b)

图 6-7 打开“曲线”对话框

(4) 在“曲线”对话框中将曲线调整成弧形，同时在操作界面中观察图像的变化，调整好曲线后单击“确定”按钮完成操作，如图 6-8 所示。

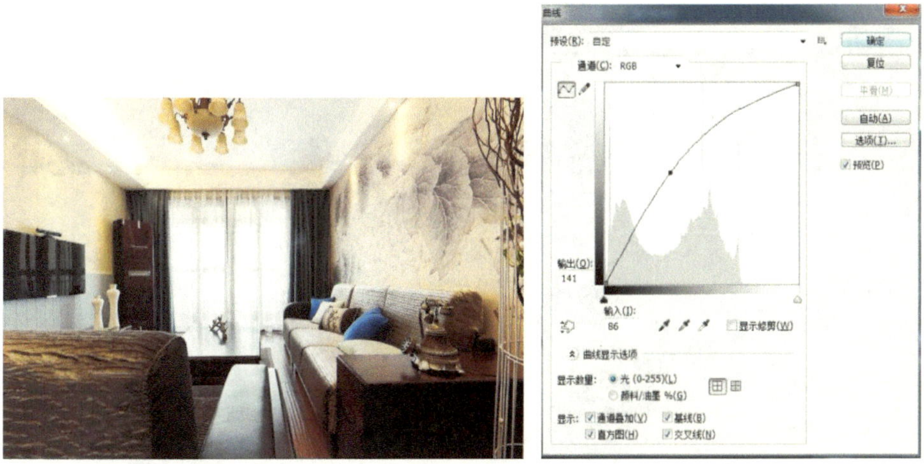

(a) (b)

图 6-8 “曲线”调整

(5) 执行“文件”|“存储为”命令或按 Shift + Ctrl + S 组合键，打开“存储为”对话框，然后将调整好的图像命名为“实战 6.1”，并设置存储格式为 .bmp 格式(见图 6-9)，最终效果如图 6-10 所示。

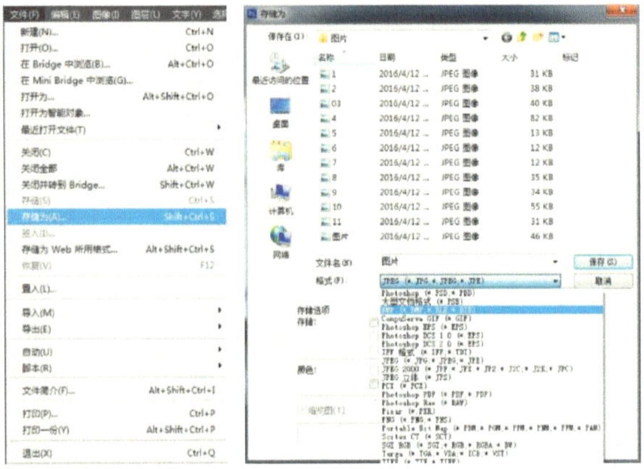

(a) (b)

图 6-9 存储文件

图 6-10 最终效果

实战 6.2 使用亮度/对比度调整图像的亮度

实例介绍

本例将使用“亮度/对比度”功能调整图像的亮度，如图 6-11 所示。

(a) (b)

图 6-11 “亮度/对比度”调整

操作步骤

（1）打开效果图素材文件，如图 6-12 所示。

图 6-12 素材文件

（2）执行“图像”|“调整”|“亮度/对比度”命令，打开“亮度/对比度”对话框，然后设置“亮度”为26、“对比度”为53（见图6-13），最终效果如图6-14示。

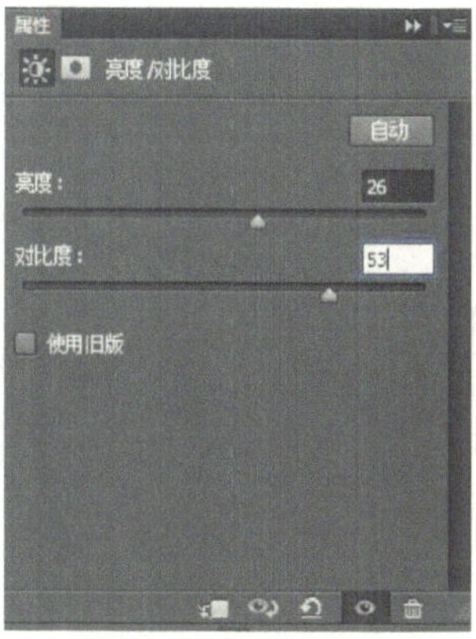

图6-13 参数设置

图6-14 最终效果

实战6.3 使用色阶调整图像的层次感

实例介绍

本例将使用“色阶”功能调整图像的层次感，如图6-15所示。

(a) (b)

图6-15 “色阶”调整

操作步骤

（1）打开素材图片文件，如图6-16所示。

图6-16 素材文件

（2）执行“图像”|“调整色阶”命令或按 Ctrl + L 组合键，打开“色阶”对话框，然后设置“输入色阶”的“灰度色阶”为 0.7（见图 6-17），效果如图 6-18 所示。

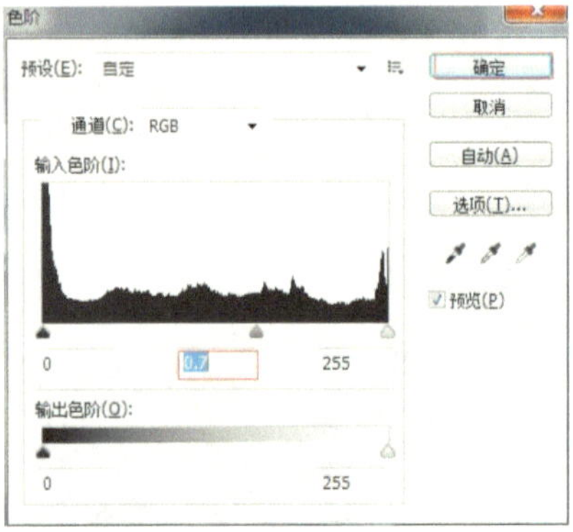

图 6-17　参数设置

图 6-18　调整效果

（3）再次执行“图像”|“调整色阶”命令或按 Ctrl + L 组合键，打开“色阶”对话框，然后设置“输入色阶”的“灰度色阶”为 0.77，接着设置“输出色阶”的“白色色阶”为 239（见图 6-19），最终效果如图 6-20 所示。

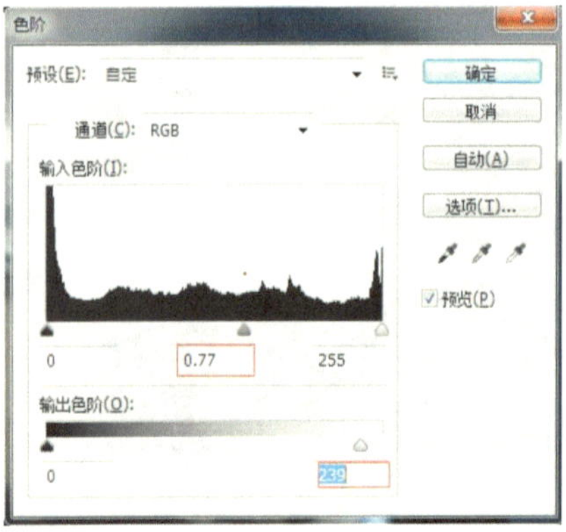

图 6-19　参数设置

图 6-20　最终效果

实战 6.4　使用曲线调整图像的层次感

实例介绍

本例将使用“曲线”功能调整图像的层次感，如图 6-21 所示。

(a) (b)

图 6-21 “曲线”调整

操作步骤

（1）打开素材图片文件，如图 6-22 所示。

图 6-22 素材文件

（2）执行“图像”|“调整”|“曲线”命令，打开“曲线”对话框，然后将曲线调整成如图 6-23 所示的样式，最终效果如图 6-24 所示。

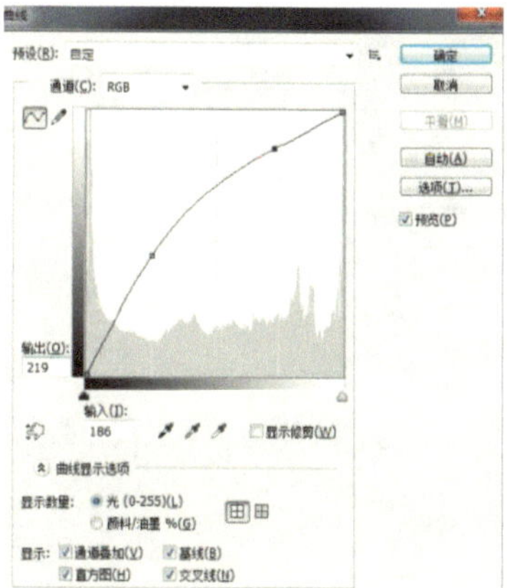

图 6-23 参数设置

图 6-24 最终效果

实战 6.5　使用智能校色调整图像的层次感

实例介绍

本例将使用“智能校色”滤镜调整图像的层次感，如图 6-25 所示。

(a)　　(b)

图 6-25　“智能校色”调整

操作步骤

(1) 打开素材图片文件，如图 6-26 所示。

图 6-26　素材文件

(2) 执行“滤镜”|“DCE Tools”|“智能校色”命令，然后在弹出的“智能校色”对话框中勾选“色彩还原”和“闪光灯开启”选项，接着设置“色彩还原”为 21(见图 6-27)，最终效果如图 6-28 所示。

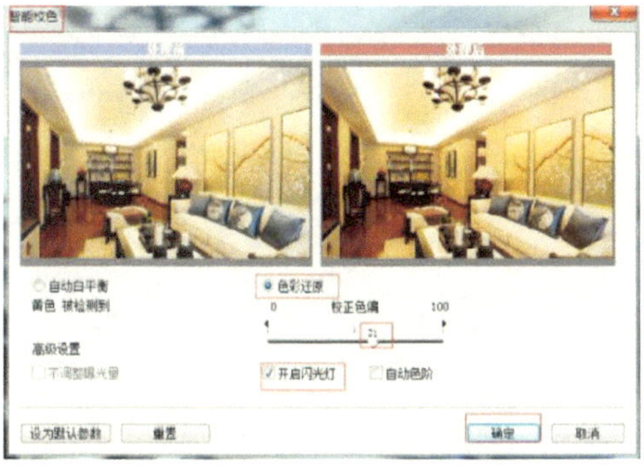

图 6-27　参数设置

图 6-28　最终效果

技巧与提示

DCE Tools 是一个外挂滤镜集合，主要用来修缮图像。

实战 6.6　使用 USM 锐化调整图像的清晰度

实例介绍

图像的清晰度在 V-Ray 中是用抗锯齿功能完成的，在后期调整中主要使用一些常用的锐化滤镜进行调整。

本例将使用“USM 锐化”滤镜来调整图像的清晰度，如图 6-29 所示。

(a)　(b)

图 6-29　“USM 锐化”调整

操作步骤

(1) 打开素材图片文件，如图 6-30 所示。

图 6-30　素材文件

(2) 执行“滤镜”|“锐化”|“USM 锐化”命令，然后在弹出的“USM 锐化”对话框中设置“数量”为 125%、“半径”为 2.8 像素(见图 6-31)，最终效果如图 6-32 所示。

图 6-31 参数设置

图 6-32 最终效果

实战 6.7 使用综合校正调整图像的清晰度

实例介绍

本例将使用“综合校正”滤镜调整图像的清晰度，如图 6-33 所示。

(a) (b)

图 6-33 “综合校正”调整

操作步骤

(1) 打开素材图片文件，如图 6-34 所示。

图 6-34 素材文件

（2）执行“滤镜”|“DCE Tools”|“综合校正”命令，然后在弹出的“综合校正”对话框中设置“锐化”为139（见图6-35），最终效果如图6-36所示。

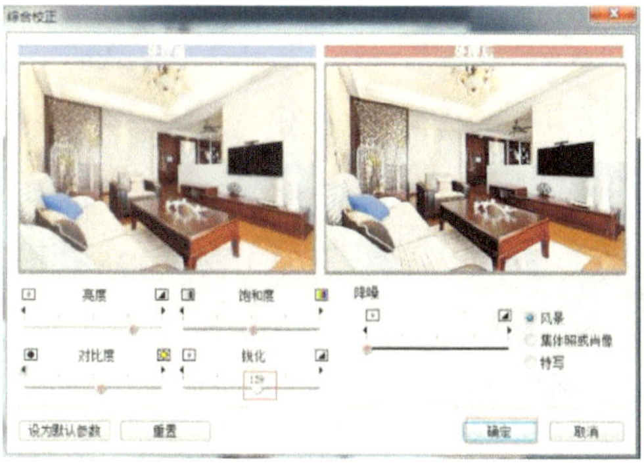

图6-35 参数设置

图6-36 最终效果

技巧与提示

图像的清晰度设置尽量在渲染中完成，因为Photoshop是一个二维图像处理软件，没有三维软件中的空间分析功能。在V-Ray中，一般使用抗锯齿设置图像的清晰度，同时也可以在V-Ray材质的贴图通道中改变“模糊”值来完成。

实战6.8 使用自动颜色调整图像的色彩

实例介绍

图像给人的第一视觉印象就是色彩，色彩是人们判断图像美感的主要依据。图像色彩的调整主要考虑两个方面，一个是图像是否存在偏色问题，另一个是色彩是否过艳或过淡。

本例将使用“自动颜色”命令调整图像的色彩，如图6-37所示。

(a) (b)

图6-37 “自动颜色”调整

操作步骤

（1）打开素材图片文件，如图 6-38 所示。

（2）执行“图像”|“自动颜色”命令，此时系统会根据当前图像的色彩自动调整，最终效果如图 6-39 所示。

图 6-38　素材文件

图 6-39　最终效果

实战 6.9　使用色相/饱和度调整图像的色彩

实例介绍

本例将使用“色相/饱和度”命令调整图像的色彩，如图 6-40 所示。

(a)　　(b)

图 6-40　“色相/饱和度”调整

操作步骤

（1）打开素材图片文件，如图 6-41 所示。

图 6-41　素材文件

（2）执行“图像”|“色相/饱和度”命令，然后在弹出的“色相/饱和度”对话框中设置“饱和度”为 50（见图 6-42），最终效果如图 6-43 所示。

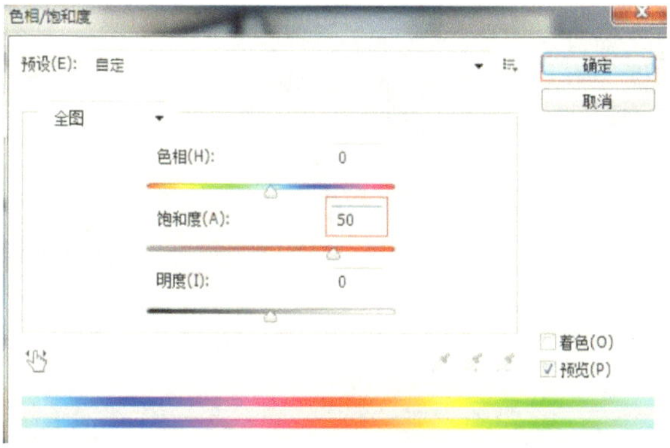

图 6-42　参数设置

图 6-43　最终效果

实战 6.10　使用智能色彩还原调整图像的色彩

实例介绍

本例将使用“智能校色”中的“色彩还原”滤镜调整图像的色彩，如图 6-44 所示。

(a) (b)

图 6-44 “智能校色”调整

操作步骤

（1）打开素材图片文件（见图 6-45），从图可观察到图像的色彩明显偏淡。

图 6-45 素材文件

（2）执行“滤镜”|“DCE Tools”|“智能校色”命令，然后在弹出的“智能校色”对话框中设置“色彩还原”为 9（见图 6-46），最终效果如图 6-47 所示。

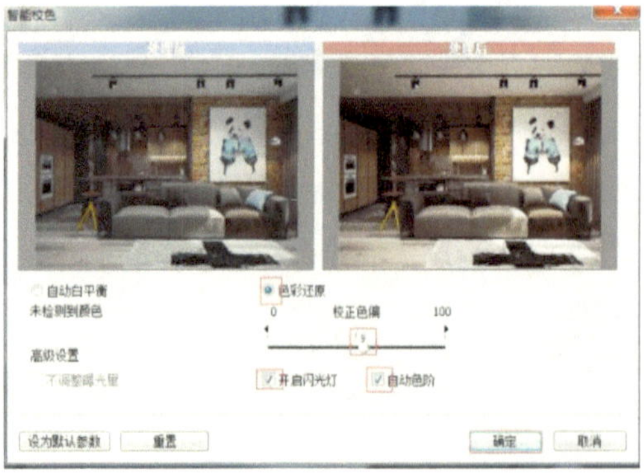

图 6-46 参数设置

图 6-47 最终效果

技巧与提示

在效果图中表现图像的视觉中心是很重要的，这时可以选择视觉中心点，然后对其进行相应的色彩调整，或加深色彩，或减淡色彩。

实战 6.11　使用正片叠底调整过亮的图像

实例介绍

图层的混合模式在效果图中使用非常频繁。混合模式主要用来调整图像的细节效果，也可以用来调整图像整体或局部的明暗关系。

本例将使用“正片叠底”模式调整过亮的图像，如图 6-48 所示。

(a)　　(b)

图 6-48　“正片叠底”调整

操作步骤

(1) 打开素材图片文件（见图 6-49），从图中可观察到图像的暗部（阴影）区域不明显。

(2) 按 Ctrl + J 组合键将“背景”图层复制一层，得到“图层 1”（见图 6-50）。

图 6-49　素材文件

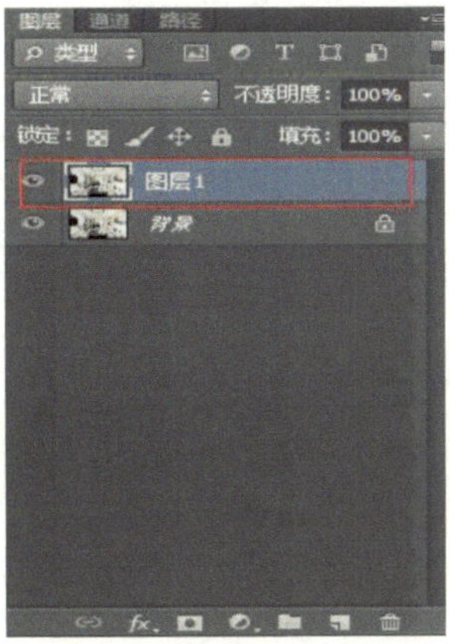

图 6-50　制作“图层 1”

(3) 在"图层"调板中设置"图层 1"的"混合模式"为"正片叠底",然后设置"不透明度"为 38%(见图 6-51),最终效果如图 6-52 所示。

图 6-51　参数设置

图 6-52　最终效果

实战 6.12　使用滤色调整图像过暗的区域

实例介绍

本例使用"滤色"模式调整过暗的图像,如图 6-53 所示。

(a)　　(b)

图 6-53　"滤色"调整

操作步骤

(1) 打开素材图片文件(见图 6-54),从图中可以观察到图像的亮部区域并不明显。

图 6-54　素材文件

（2）按 Ctrl + J 组合键将“背景”图层复制一层，得到“图层 1”，然后设置“图层 1”的“混合模式”为“滤色”，接着设置该图层的“不透明度”为 60%（见图 6-55），最终效果如图 6-56 所示。

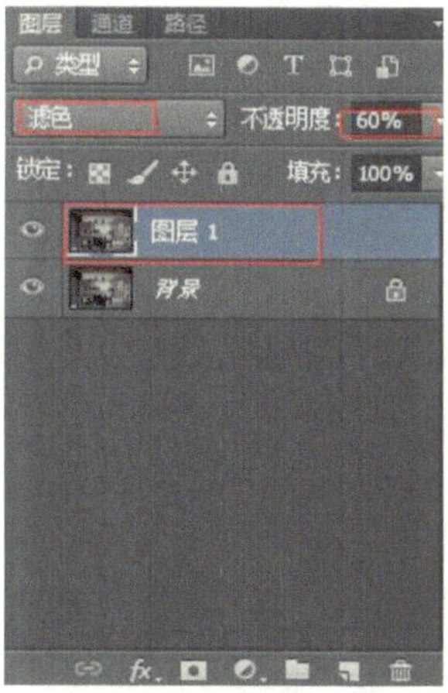

图 6-55　参数设置

图 6-56　最终效果

实战 6.13　使用叠加增强天光光效

实例介绍

本例将使用“叠加”模式增强天光的光效，如图 6-57 所示。

(a)　　　　　　　　(b)

图 6-57　天光调整

操作步骤

（1）打开素材图片文件（见图 6-58），从图中可以观察到窗口处的光感比较平淡。

（2）在“图层”调板下单机“创建新图层”按钮，新建一个“图层 1”，如图 6-59 所示。

图 6-58　素材文件

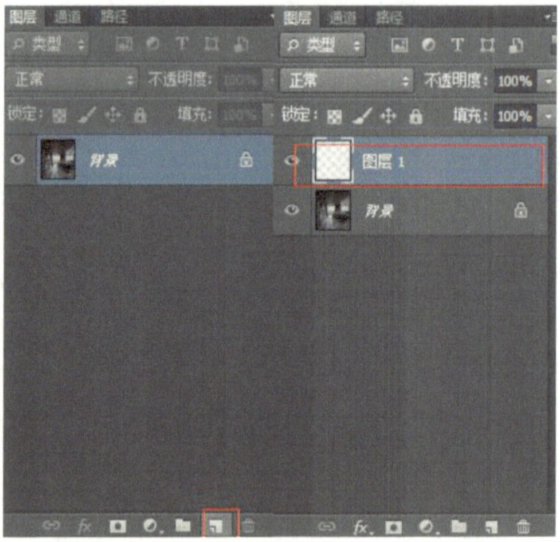

图 6-59　制作“图层 1”

（3）在“工具箱”中单击“椭圆选框工具”按钮，然后在窗口绘制一个如图 6-60 所示的椭圆选区，接着按 Shift + F6 组合键打开“羽化选区”对话框，最后设置“羽化半径”为 20 像素，如图 6-61 所示。

图 6-60　绘制椭圆选区

图 6-61　参数设置

（4）在“工具箱”中设置前景色为（R:191，G:255，B:255）（见图 6-62），接着按 Alt + Delete 组合键用前景色填充选区，效果如图 6-63 所示。

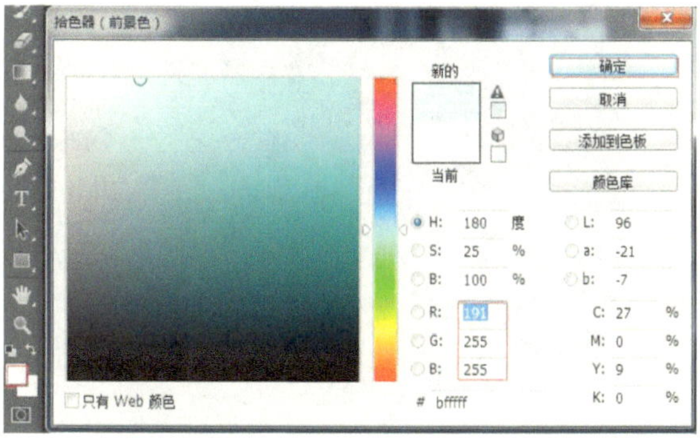

图 6-62　参数设置

图 6-63　调整效果

（5）按 Ctrl + D 组合键取消选区，然后设置“图层 1”的“混合模式”为“叠加”，接着设置该图层的“不透明度”为 60%（见图 6-64），最终效果如图 6-65 所示。

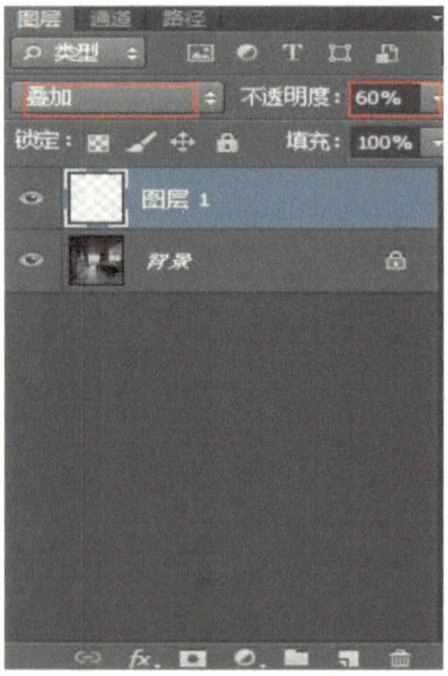

图 6-64 参数设置

图 6-65 最终效果

实战 6.14 使用叠加增强光域网的光照

实例介绍

本例将使用“叠加”模式增强光域网的光照效果，如图 6-66 所示。

(a) (b)

图 6-66 “光域网”调整

操作步骤

（1）打开素材图片文件（见图 6-67），从图中可以观察到线框内缺少光域网效果。

（2）新建一个“图层 1”，然后在“工具箱”中单击“钢笔工具”按钮，接着绘制出如图 6-68 所示的路径。

图 6-67　素材文件

图 6-68　路径绘制

（3）按 Ctrl + Enter 组合键将路径转换为候选区，然后按 Shift + F6 组合键打开“羽化选区”对话框，接着设置“羽化半径”为 2 像素，如图 6-69 所示。

（4）在“工具箱”中设置前景色为（R：254，G：253，B：248），然后按 Alt + Delete 组合键用前景色填充选区，按 Ctrl + D 组合键取消选区，效果如图 6-70 所示。

图 6-69　参数设置

图 6-70　调整效果

（5）设置“图层 1”的“混合模式”为“叠加”，效果如图 6-71 所示。

（6）按 Ctrl + J 组合键复制一个“图层 1 副本”图层，然后在“图层”调板下面单击“添加图层蒙版”按钮，为“图层 1 副本”图层添加一个图层蒙版，如图 6-72 所示。

图 6-71 调整效果

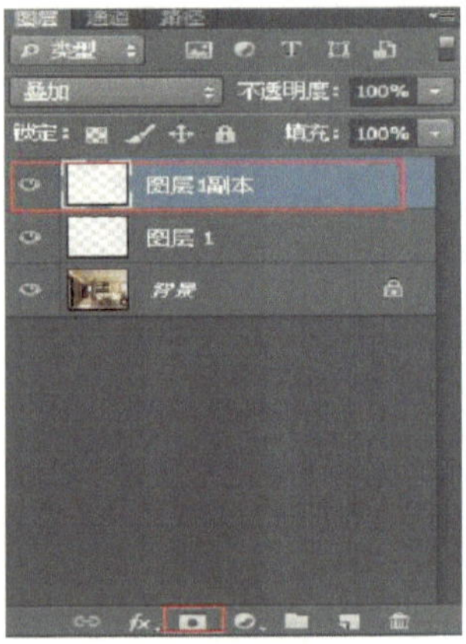

图 6-72 制作“图层 1 副本”

（7）设置前景色为黑色，然后在“工具箱”中单击“画笔工具”按钮 ，并在属性栏中设置“主直径”为 20px、“硬度”为 0%、“不透明度”为 36%，如图 6-73 所示；接着选择“图层副本”图层的蒙版，最后在绘图区域进行涂抹，隐藏不需要显示出来的区域（见图 6-74），最终效果图如图 6-75 所示。

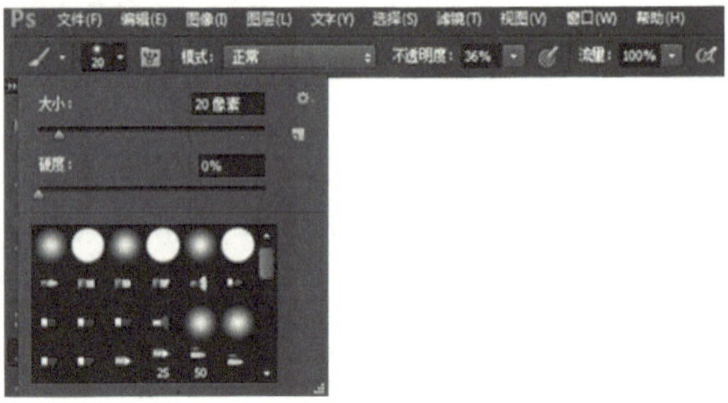

图 6-73 参数设置

图 6-74 隐藏区域

图 6-75 最终效果

实战 6.15 使用叠加添加光晕光效

实例介绍

本例将使用“叠加”模式添加蜡烛的光晕光效，如图 6-76 所示。

(a) (b)

图 6-76 “光晕”调整

操作步骤

(1) 打开素材图片文件(见图 6-77)，从图中可以观察到蜡烛发出的光缺少光晕效果。

(2) 新建一个“图层 1”，然后在“工具箱”中单击“椭圆选框工具”按钮，接着在蜡烛上绘制一个如图 6-78 所示的椭圆选区。

图 6-77 素材文件

图 6-78 绘制椭圆选区

(3) 按 Shift + F6 组合键打开“羽化选区”对话框，然后设置“羽化半径”为 6 像素，如图 6-79 所示。

(4) 设置前景色为白色，然后按 Alt + Delete 组合键用前景色填充选区，接着按

Ctrl + D 组合键取消选区，效果如图 6-80 所示。

图 6-79　参数设置

图 6-80　调整效果

（5）设置“图层 1”的“混合模式”为“叠加”，效果如图 6-81 所示；接着按 Ctrl + J 组合键复制一个“图层 1 副本”图层，并设置图层的“不透明度”为 50%，效果如图 6-82 所示。

图 6-81　调整效果

图 6-82　制作“图层 1 副本”

（6）复制一些光晕到其他蜡烛上，最终效果如图 6-83 所示。

图 6-83　最终效果

技巧与提示

光晕效果也可以使用“混合模式”中的“颜色减淡”和“线性减淡”模式来完成。

实战 6.16 使用色相制作四季效果

实例介绍

本例将使用“色相”模式制作四季效果，如图 6-84 所示。

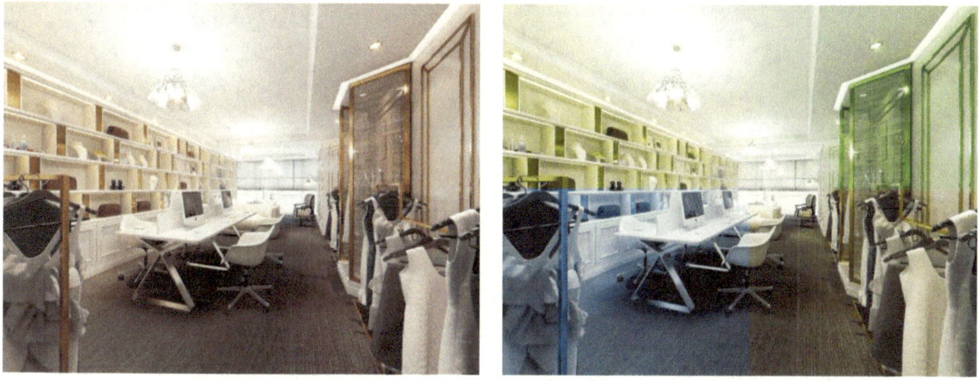

(a) (b)

图 6-84 四季效果制作

操作步骤

（1）打开素材图片文件(见图 6-85)，从图可观察到图像的色彩比较平淡。

（2）新建一个“图层 1”，然后从标尺栏中拖拽出两条如图 6-86 所示的参考线，将图像分割成 4 个区域。

图 6-85 素材文件

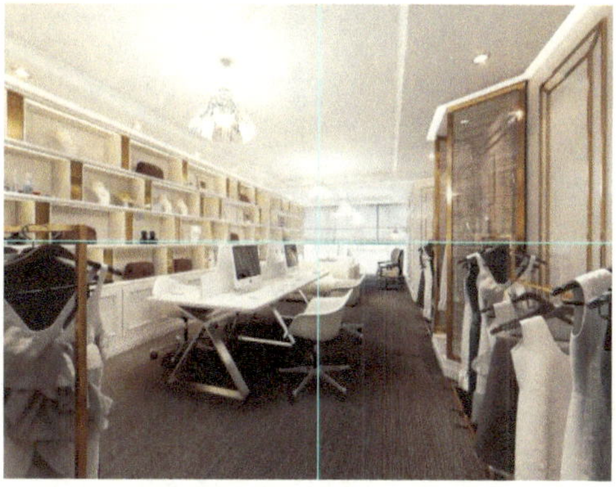

图 6-86 分割区域

(3) 在"工具箱"中单击"矩形选框工具"按钮,然后沿参考线绘制一个如图6-87所示的矩形选区,接着设置前景色为(R:249,G:255,B:175),然后按Alt + Delete组合键用前景色填充选区,效果如图6-88所示。

图6-87　绘制矩形选区

图6-88　调整效果

(4) 分别设置前景色为(R:102,G:227,B:0)、(R:176,G:215,B:255)和(R:227,G:195,B:0),然后用这3种颜色填充其他3个区域,效果如图6-89所示。

(5) 设置"图层1"的"混合模式"为"色相",最终效果如图6-90所示。

图6-89　调整效果

图6-90　最终效果

实战6.17　使用明度调整图像的层次感

实例介绍

本例将使用"明度"模式调整图像的层次感,如图6-91所示。

(a) (b)

图 6-91 “层次感”调整

操作步骤

（1）打开素材图片文件（见图 6-92），从图中可观察到图像的层次感不强。

（2）按 Ctrl + J 组合键复制一个“图层 1”，然后执行“图像”|“调整”|“去色”命令或按 Shift + Ctrl + U 组合键，将彩色图像调整成灰度图像，如图 6-93 所示。

图 6-92 素材文件

图 6-93 调整效果

（3）设置“图层 1”的“混合模式”为“明度”（见图 6-94），最终效果如图 6-95 所示。

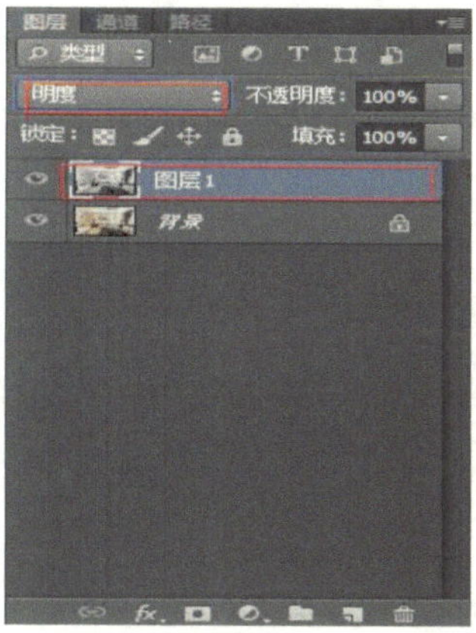

图 6-94 参数设置

图 6-95 最终效果

技巧与提示

效果图的后期调整方法有很多，使用“混合模式”只是其中之一。无论采用何种方法进行调整，只要能达到最理想效果就是好方法。

实战 6.18　添加室外环境

实例介绍

一张完美的效果图不但要求能突出特点，更需要有合理的室外环境与之搭配。为效果图添加室外环境主要表现在窗口和洞口处。

本例将使用“快速选择工具”和图层蒙版来添加室外环境，如图 6-96 所示。

(a)　　(b)

图 6-96　添加室外环境

操作步骤

(1) 打开素材图片文件(见图 6-97)，从图中可观察到窗外没有室外环境。

(2) 打开一张风景图，然后将其拖拽到操作界面，得到“图层 1”，如图 6-98 所示。

图 6-97　素材文件

图 6-98　制作“图层 1”

（3）选择“背景”图层，然后在“工具箱”中单击“快速选择工具”按钮，接着勾选出窗口区域，如图 6-99 所示。

图 6-99　勾选窗口区域

技巧与提示

勾选选区的时候一定要仔细，只勾选窗口区域，窗框不要勾选。在使用选区工具勾选选区时，按住 Shift 键的同时可以加选选区，按住 Alt 的同时可以减选选区。

（4）选择“图层 1”，然后在“图层”调板下面单击“添加图层蒙版”按钮，为该图层添加一个选区蒙版，隐藏选区之外的区域，如图 6-100 所示。

（5）设置“图层 1”的“不透明度”为 61%，最终效果如图 6-101 所示。

图 6-100　添加选区蒙版

图 6-101　最终效果

实战6.19 利用通道合成背景

实例介绍

本例将利用带通道的图像来添加室外环境,如图6-102所示。

(a)

(b)

图6-102 添加室外环境

操作步骤

(1)打开“.png格式”素材图片文件,这是一张在3d Max中渲染格式为.png的效果图(见图6-103),从图中可看出窗口处是透明的。

图6-103 素材文件

(2)打开一张风景图,然后将其拖拽到操作界面(见图6-104),接着将得到的“图层1”放置在“图层0”的下一层,如图6-105所示。

图 6-104　风景图设置

图 6-105　制作“图层 1”

（3）将图层放置在合适的位置，使其与前景图像完美地搭配在一起，最终效果如图 6-106 所示。

图 6-106　最终效果

技巧与提示

合成背景在 3d Max 中也可以做到，方法是使用“VR 发光材质”并在通道上加载“外景.jpg”制作。

实战 6.20　增强发光灯的光照（添加室内环境）

实例介绍

大部分的光照效果都是在渲染中完成的，然而有时渲染的光照效果并不理想，这时就需要进行后期调整来加强光照效果。

本例将使用“快速选择工具”和“高斯模糊”滤镜增加发光灯的光照效果，如图 6-107 所示。

(a) (b)

图 6-107 “发光灯”调整

操作步骤

（1）打开素材图片文件（见图 6-108），从图中可观察到顶部的灯光照强度不够。

图 6-108 素材文件

（2）在“工具箱”中单击“快速选择工具”按钮，然后勾选出发光区域，如图 6-109 所示。

（3）设置前景色为白色，然后建一个“图层 1”，接着按 Alt + Delete 组合键用前景色填充选区，再按 Ctrl + D 组合键取消选区，如图 6-110 所示。

（4）执行“滤镜 | 模糊 | 高斯模糊”命令，然后在弹出的对话框中设置“半径”为 9.8 像素，如图 6-111 所示。

（5）设置“图层 1”的“混合模式”为“叠加”，最终效果如图 6-112 所示。

图 6-109　勾选发光区域

图 6-110　调整效果

图 6-111　参数设置

图 6-112　最终效果

实战 6.21　增强反射效果

实例介绍

本例将使用“快速选择工具”和“动感模糊”滤镜增强地面的反射效果，如图 6-113 所示。

(a)　(b)

图 6-113　“反射效果”调整

操作步骤

（1）打开素材图片文件（见图 6-114），从图中可观察到地面的反射效果并不强烈。

图 6-114　素材文件

（2）在“工具箱”中单击“快速选择工具”按钮，然后勾选出地面区域，如图 6-115所示；再按 Ctrl + J 组合键将选区内的图像复制到一个新的“图层 1”中，如图6-116 所示。

图 6-115　勾选地面区域

图 6-116　制作“图层 1”

（3）执行“滤镜”|“模糊”|“动感模糊”命令，然后在弹出的对话框中设置“角度”为 90 度、“距离”为 50 像素，如图 6-117 所示。

（4）设置“图层 1”的“不透明度”为 50%，最终效果如图 6-118 所示。

图 6-117　参数设置

图 6-118　最终效果

实战 6.22　使用照片滤镜统一画面色调

实例介绍

在效果图制作中，统一画面色调是非常有必要的。所谓统一画面色调，并不是将画面的所有颜色使用一个色调来表达，而是要将画面的色调用一个主色调和多个次色调表达，这样才能体现出和谐感、统一感。

本例将使用“照片滤镜”调整图层统一画面的色调，如图 6-119 所示。

图 6-119　“照片滤镜”设置

操作步骤

（1）打开素材图片文件（见图 6-120），从图中可观察到画面的色调并不统一。

（2）在“图层”调板下单击“创建新的填充或调整图层”按钮，接着在弹出的菜单中选择“照片滤镜”命令，为“背景”图层添加一个“照片滤镜”调整图层，如图 6-121 所示。

图 6-120　素材文件

图 6-121　制作“照片滤镜”调整图层

（3）在“调整”调板中勾选“颜色”选项，然后设置“颜色”为（R:248，G:120，B:198），接着设置“浓度”为 50%（见图 6-122），最终效果如图 6-123 所示。

图 6-122　参数设置

图 6-123　最终效果

实战 6.23　使用色彩平衡统一画面色调

实例介绍

本例将使用“色彩平衡”调整图层来统一画面的色调，如图 6-124 所示。

图 6-124　“色彩平衡”设置

操作步骤

（1）打开素材图片文件（见图 6-125），从图中可观察到画面的色调并不统一。

（2）在“图层”调板下面单击“创建新的填充或调整图层”按钮，接着在弹出的菜单中选择“色彩平衡”命令，为“背景”图层添加一个“色彩平衡”调整图层，如图 6-126 所示。

图 6-125　素材文件

图 6-126　制作“色彩平衡”调整图层

（3）在“调整”调板中设置“青色-红色”为 5、“洋红-绿色”为 -16、“黄色-蓝色”为 6（见图 6-127），最终效果如图 6-128 所示。

图 6-127　参数设置

图 6-128　最终效果

实战 6.24　在客房中添加主灯（配饰）

实例介绍

配饰在效果图中也占据着相当重要的地位，虽然可以在三维软件中制作出来，但有时为了节省建模时间，可以直接在后期调整中加入相应的配饰来搭配环境。

在为效果图添加配饰时需要注意以下 4 点：

① 比例及方位。加入的饰品要符合当前效果图的空间方位和透视比例关系。

② 光线及阴影。加入的配饰要根据场景中的光线方向进行高光及阴影设置。

③ 环境色。添加的配饰要符合场景材质的颜色。

④ 反射及折射。在添加配饰时要考虑环境对配饰的影响，同时也要考虑配饰对环境的影响。

本例将利用带通道的图像添加主灯效果，如图 6-129 所示。

(a)　　(b)

图 6-129　添加主灯

操作步骤

（1）打开素材图片文件（见图 6-130），从图中可观察到画面的色调并不统一。

（2）将主灯图片. png 文件拖拽到操作界面中，得到“图层 1”，如图6-131 所示。

图 6-130　素材文件

图 6-131　制作“图层 1”

（3）按 Ctrl + T 组合键进入“自由变换”状态，然后按住 Shift + Alt 组合键的同时将吊灯等比例缩小到如图 6-132 所示的大小。

（4）在“背景”图层的上一层新建一个“图层 2”，然后在“工具箱”中单击“椭圆形选框工具”按钮，接着在天花板上绘制一个如图 6-133 所示的椭圆选区。

图 6-132　吊灯设置

图 6-133　绘制椭圆选区

（5）按 Shift + F6 组合键打开“羽化选区”对话框，然后设置“羽化半径”为 20 像素，如图 6-134 所示。

（6）设置前景色为（R：253，G：227，B：187），然后按 Alt + Delete 组合键用前景色填充选区，接着按 Ctrl + D 组合键取消选区，最后设置“图层 2”的“不透明度”为 76%，效果如图 6-135 所示。

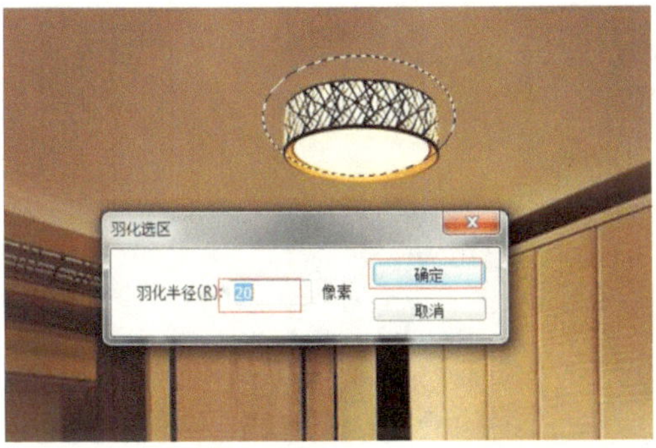

图 6-134　参数设置

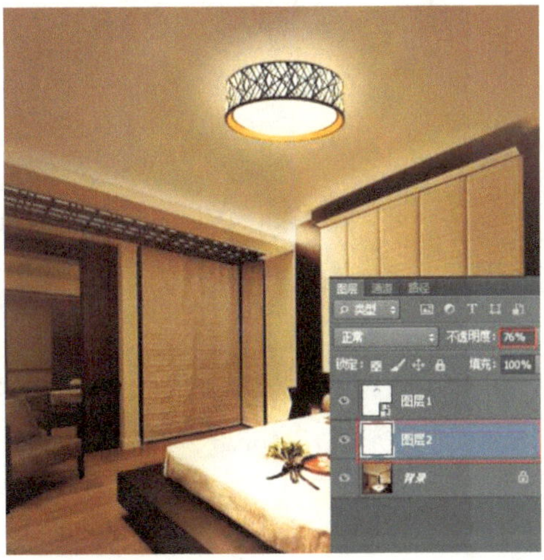

图 6-135　调整效果

（7）按 Ctrl + J 组合键复制一个新的“图层 2 副本”图层，然后设置该图层的“混合模式”为“滤色”、“不透明度”为 38%，接着按 Ctrl + T 组合键进入“自由变换”状态，最后按住 Shift + Alt 组合键的同时将吊灯等比例缩小到如图 6-136 所示的大小。

（8）按 Ctrl + J 组合键复制一个新的“图层 2 副本 2”图层，然后设置该图层的“不透明度”为 31%，以增强吊灯的阴影效果，如图 6-137 所示。

图 6-136　吊灯调整

图 6-137　制作“图层 2 副本 2”图层

（9）采用前面的方法添加光晕效果，最终效果如图 6-138 所示。

图 6-138　最终效果

实战 6.25 合成体积光

实例介绍

本例将使用“多边形套索工具”在效果图中合成体积光效果，如图 6-139 所示。

(a) (b)

图 6-139 合成体积光

操作步骤

（1）打开素材图片文件，如图 6-140 所示。

（2）新建一个“图层 1”，然后在“工具箱”中单击“多边形套索工具”按钮，接着在绘图区域勾选出如图 6-141 所示的选区。

图 6-140 素材文件

图 6-141 勾选选区

（3）将选区羽化一定的像素，然后设置前景色为白色，接着按 Alt + Delete 组合键用前景色填充选区，效果如图 6-142 所示。

（4）设置“图层 1”的“不透明度”为 30%，最终效果如图 6-143 所示。

图 6-142 调整效果

图 6-143 最终效果

技巧与提示

在 3d Max 中，体积光是在“环境和效果”对话框中进行添加的，但是添加体积光后，渲染速度会慢很多。因此，在制作大场景时，最好在后期添加体积光。

第2部分 2 案例设计

第7章 居住空间室内设计

7.1 居住的含义

住宅室内设计是一个立体的空间设计，它给予人们生命安全和居住舒适的生活环境，并有助于起居、工作等生活活动，从而使人产生更高的生命效能。

在群体(家庭、集体)生活里，合理的"空间计划"(Space Planning)将能维持群体的结构关系和生活本质，发挥群体生活的意义。也就是说，良好的室内环境，将能妥善安排人类的舒适生活和正常工作；反之，则不仅有碍于人类的生活进展，而且影响人类的身心健康。

室内设计也可称作"空间配置"。室内空间设计是人们良好生活的第一条件，它必须以伦理为程序，以道德为规范，合理地安排个人与群体关系的秩序。

因此，居室的室内设计都必须考虑下述因素，即：

① 家庭人员的构成；

② 民族文化，地域传统和宗教信仰；

③ 职业特点和文化水平；

④ 个人爱好，生活方式和生活习惯；

⑤ 经济水平和消费取向情况等。

住宅室内设计空间解析：

① 门厅(Entrance Place 以 E 为代表)；

② 客厅(Living Room 以 L 为代表)；

③ 餐厅(Dining Room 以 D 为代表)；

④ 厨房(Kitchen Room 以 K 为代表)；

⑤ 主卧(Master Room 以 M 为代表)；

⑥ 孩卧(Child Room 以 C 为代表)；

⑦ 卫生间(Restroom 以 R 为代表)；

⑧ 浴室(Bath Room 以 Ba 为代表)；

⑨ 走廊（Hallway 以 H 为代表）；

⑩ 储藏室（Storage 以 St 为代表）。

7.2 住宅设计要求

1. 使用功能布局合理

住宅的室内环境由于其空间和结构划分已经确定，所以在界面处理、家具设置、装饰布局之前，除了厨房和浴厕因固定安装的管道和设施致其位置已经确定之外，其余房间的使用功能或每个房间的功能划分，需要以住宅内部使用的方便、合理作为依据。除了研究空间的理想分割和方便连贯的合理性之外，还要分析空间流动线路的合理安排、顺畅简短、方向识别清晰等实用价值。合理的空间设计还需注重外部的因素，例如气流、光线与周围环境的关系等。

2. 风格造型统一构思

构思、立意可以说是室内设计的“灵魂”。室内设计通盘构思，是指计划将居室的内环境设计成何种形式的风格和造型特征。总体上要根据居住者的职业特点、个人爱好、家庭成员的构成、经济条件和家庭生活习惯等主要内容作通盘考虑。或是设计具有时代气息的现代风格，或是具有文化内涵的传统风格，或是追求返璞归真的自然风格，或是中西合璧的综合艺术风格等，这些风格的选择都需要在设计之初考虑完善。先有了一套合理的总体设想，然后才能着手设计地面、墙面、顶面的装饰，决定配置什么样的家具，选定什么样的灯具及室内装饰陈设等。

3. 色彩、材质搭配协调

住宅室内的基本功能和整体造型风格确定之后，就需要从整体构思出发，设计或选用室内各界面的色彩和材质，确定家具和室内其他物品的色彩和材质。

色彩可以唤醒人类的敏锐感觉，也可以影响人类的情绪变化，如活泼、温暖和明朗的色彩给予人欢悦和兴奋；反之则来自冰冷和严肃的色彩。此外，色彩是装饰上最实际的因素之一，许多的装饰效果都先以色彩为先锋，并且如果在众多相同外形的装饰面上，以不同的色彩处理即能达到不同的装饰效果。

人类对于色彩的选择大多根据个人的色彩经验和偏好，但是没有一个人有其绝对可靠的色彩感觉，因为色彩感觉被控制于色彩的变化中。因此，如何运用色彩的特性来营造室内氛围或改变人的情绪，则是室内色彩的研究方向所在。

材料的本质包括两方面的因素，一是材料原始的素材因素，二是材料与人性的视觉因素。这两方面因素构成材料在环境中的客观存在和人性的主观意象。

材料的客观表现是一种自然的现象，而人们对于材料的主观适应则是艺术的现象。在室内空间里聚集不同客观性的材料，配置组合成相关的空间意境，这是艺术的手段，也是设计的现象。在相关材料组合的空间意境内，材料便因此产生了机能性和视觉的生命感，因而色彩和材料具有很多内在的紧密联系。例如，不同性质的材料各自有着相应的色相、明暗和纹理的视觉感觉。它们相互之间很难分开，正如玻璃的明净、金属的光泽一样，材料特有的色彩、光泽和纹理即为该材料的属性。这对天然材料来说尤为突出。

4. 灯具照明营造氛围

室内的照明对于人类的生活有极大的影响，人们能在有效的照明面看到更佳的视野，并体会室内的安全感和舒适感，美妙的照明能多方面充实生活情趣。

在人类的生活环境里，如果没有光的照明，则无"视觉"可言。一切的视觉经验全是因光与照明而来。世上的一切造型在人类的视觉意识和情感里，必然由光照来决定。光照是决定人们视觉判断的最主要因素。在室内可增强或减弱光照度进而影响室内空间的本质和有关事物。比如，室内的色彩因光照的强弱而影响色彩本身的彩度，室内空间也因光照而改变其空间深度、大小和气氛，其他在室内由光照而形成的冷暖、高低、宽窄、刺激、柔和或统一感、支离感等都受光照的直接影响。

7.3 住宅室内设计教学案例

住宅室内设计案例见图 7-1 ~ 图 7-13（单位：mm）。

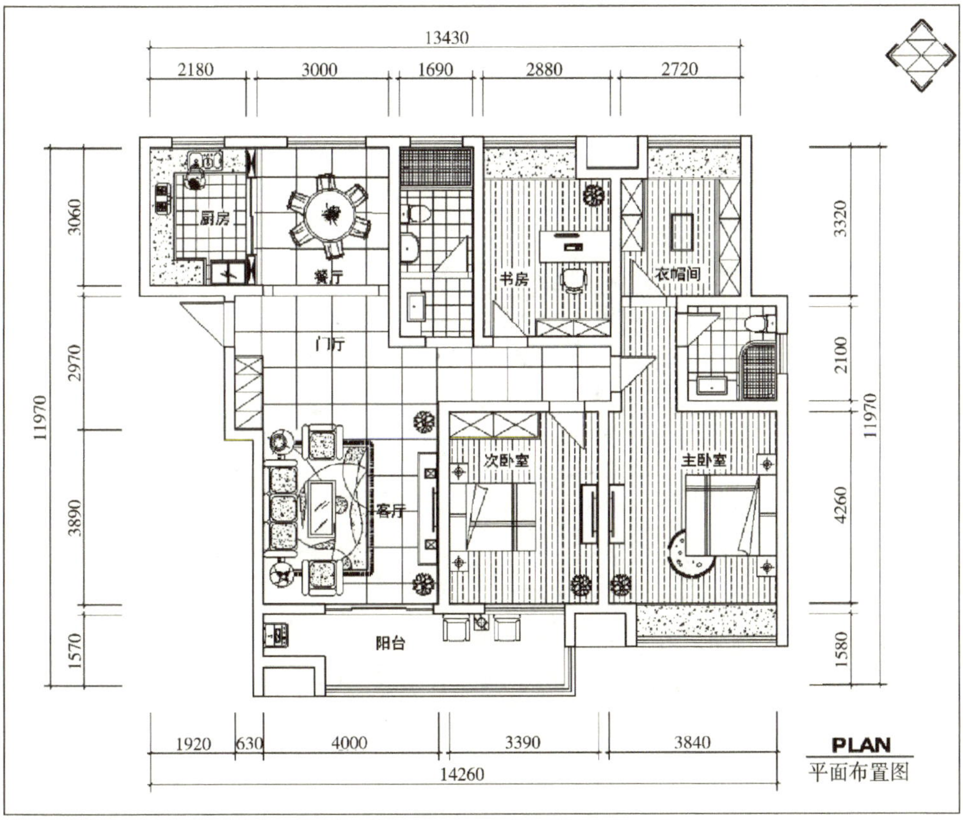

图 7-1　平面布置图

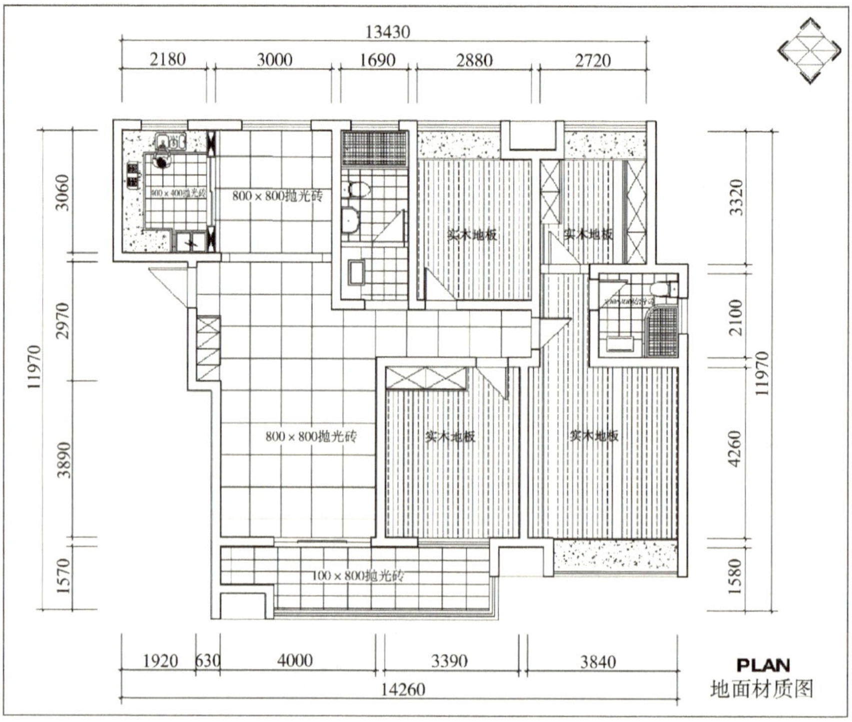

图 7-2　地面材质图

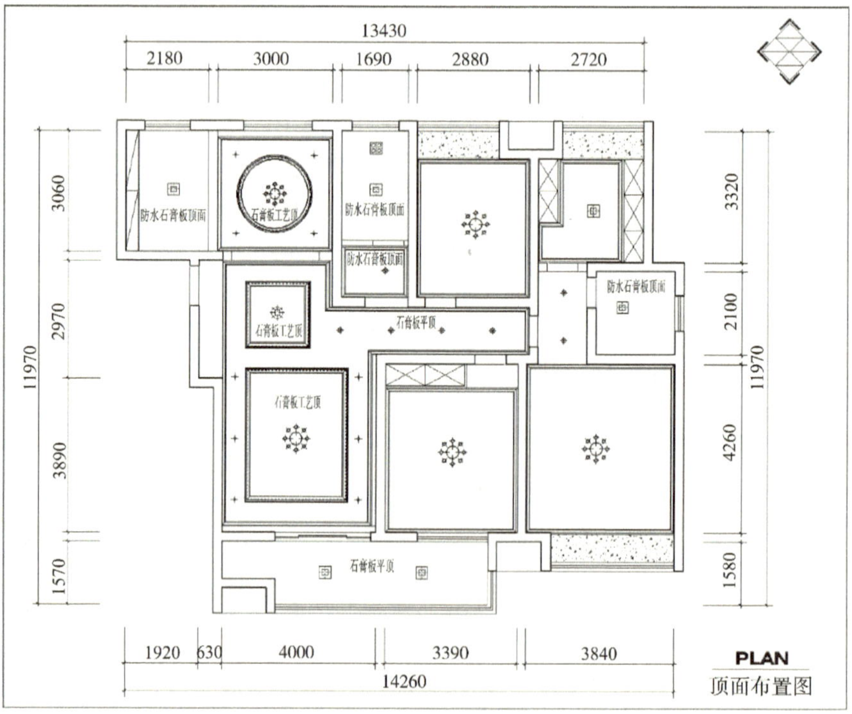

图 7-3　顶面布置图

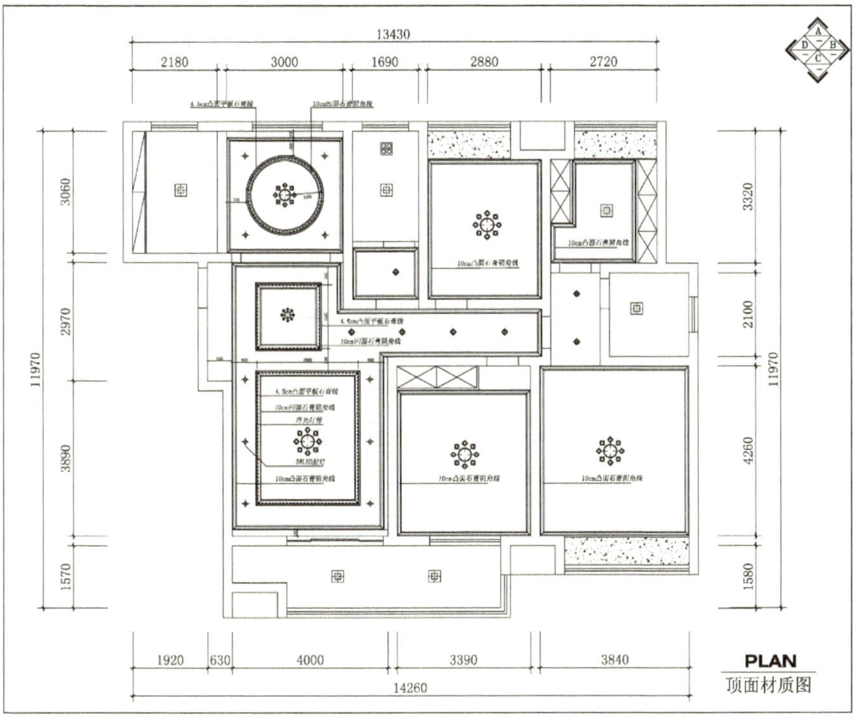

图 7-4　顶面材质图

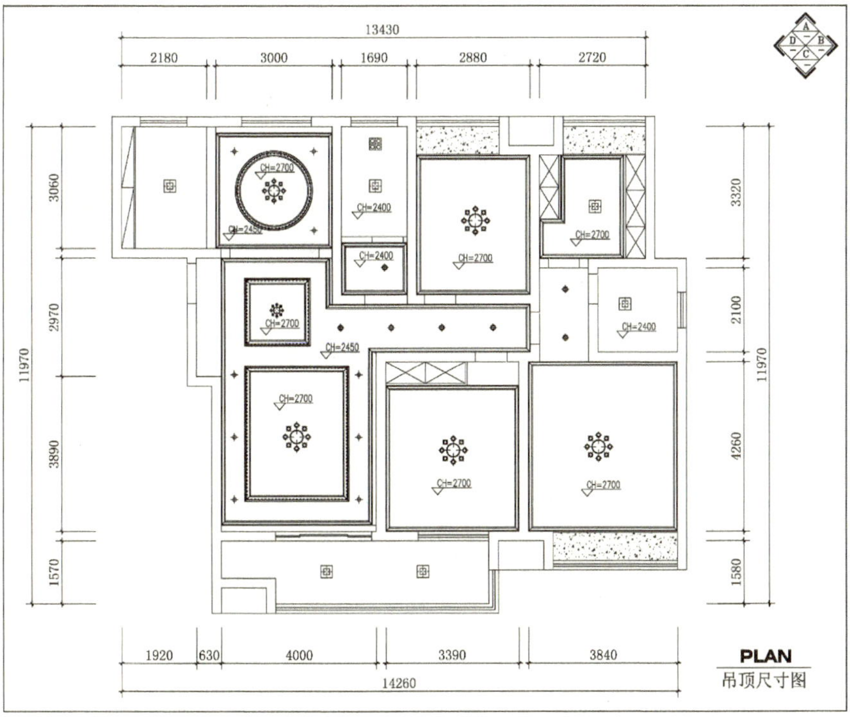

图 7-5　吊顶尺寸图

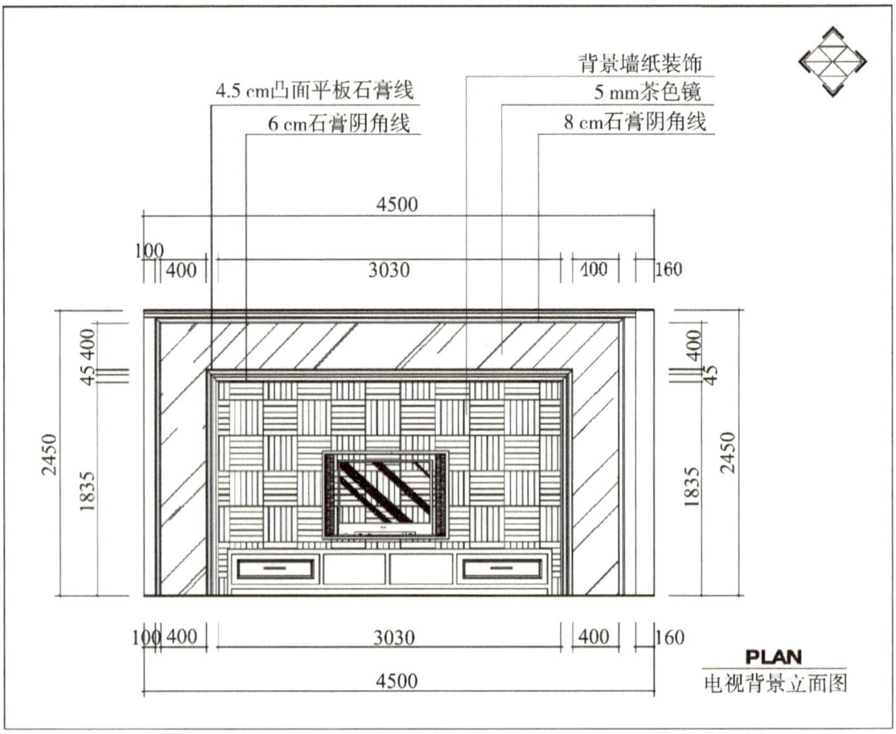

图 7-6　电视背景立面图

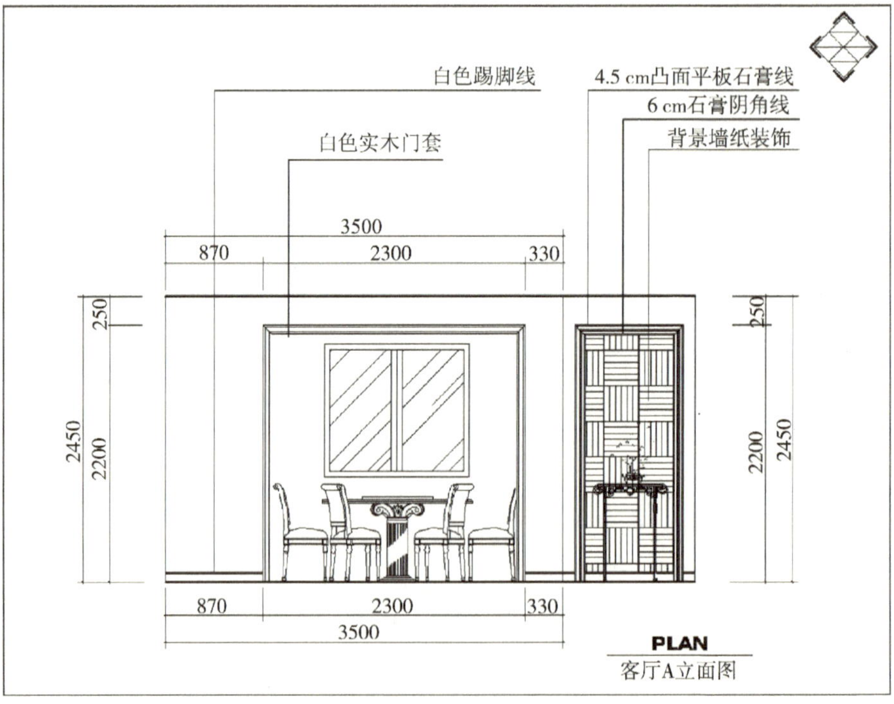

图 7-7　客厅 A 立面图

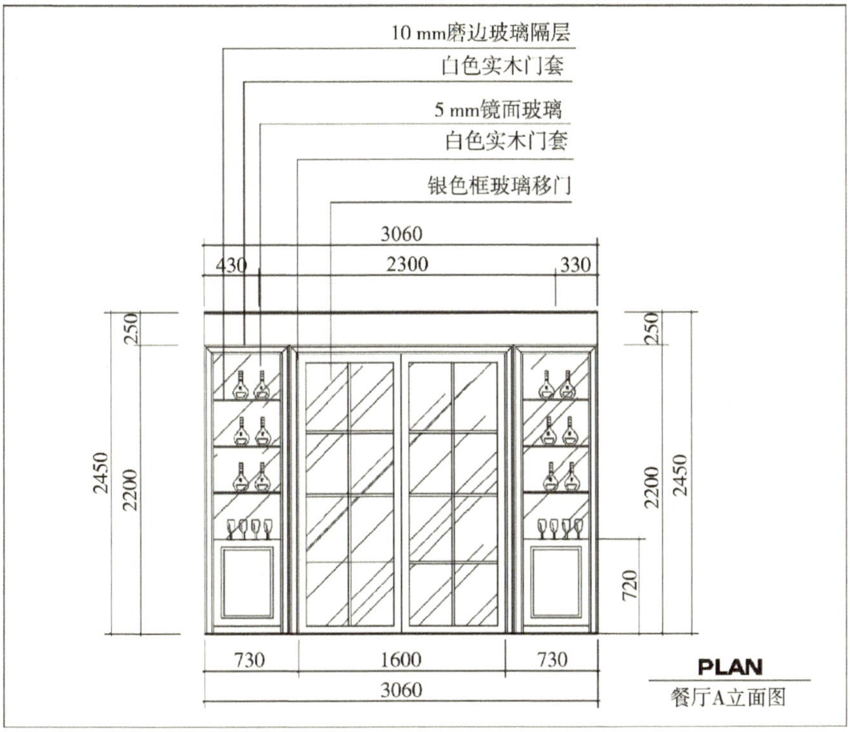

图 7-8　餐厅 A 立面图

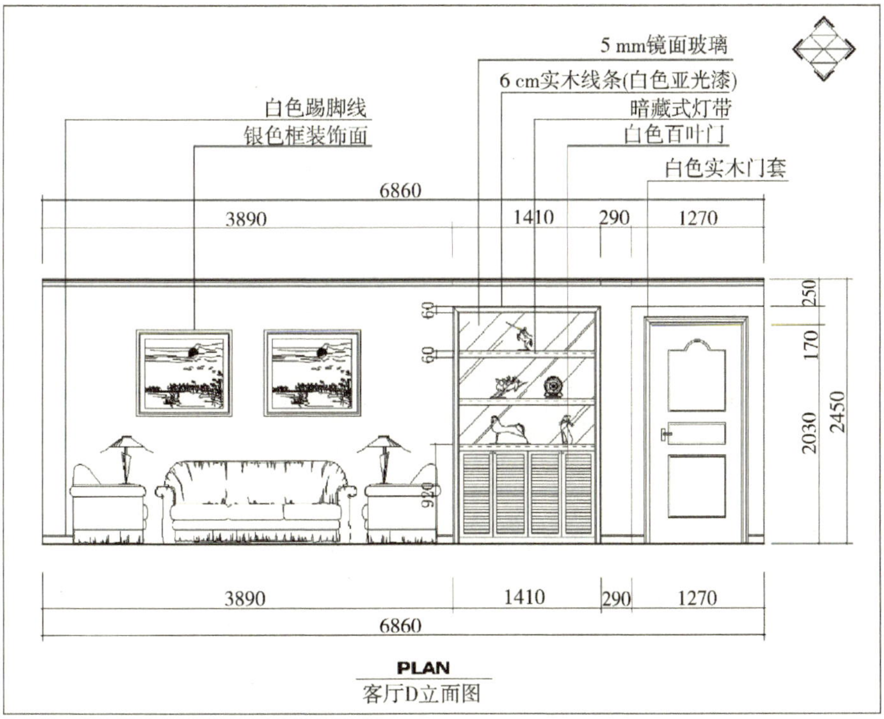

图 7-9　客厅 D 立面图

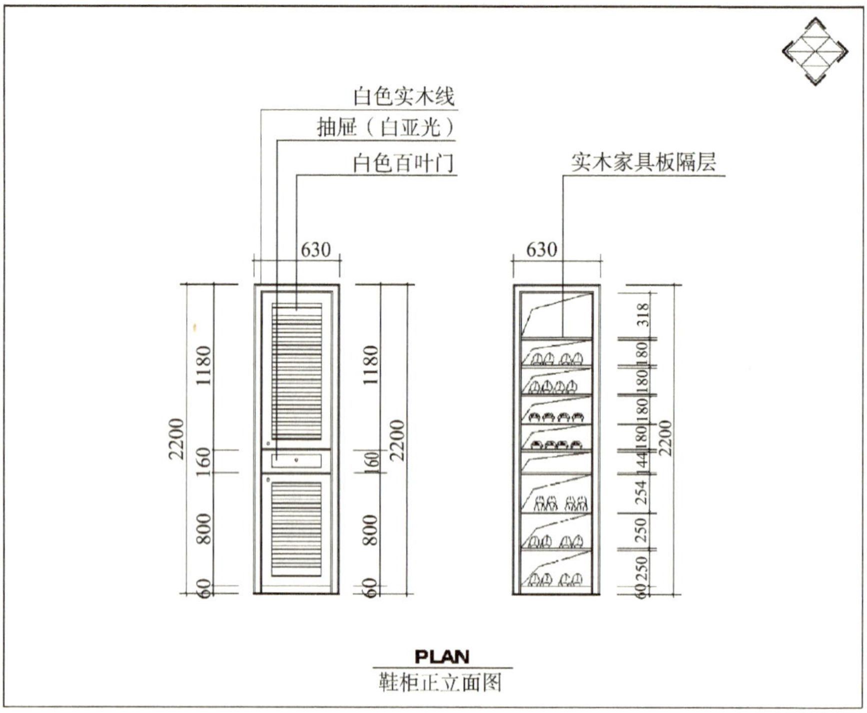

图 7-10　鞋柜正立面图

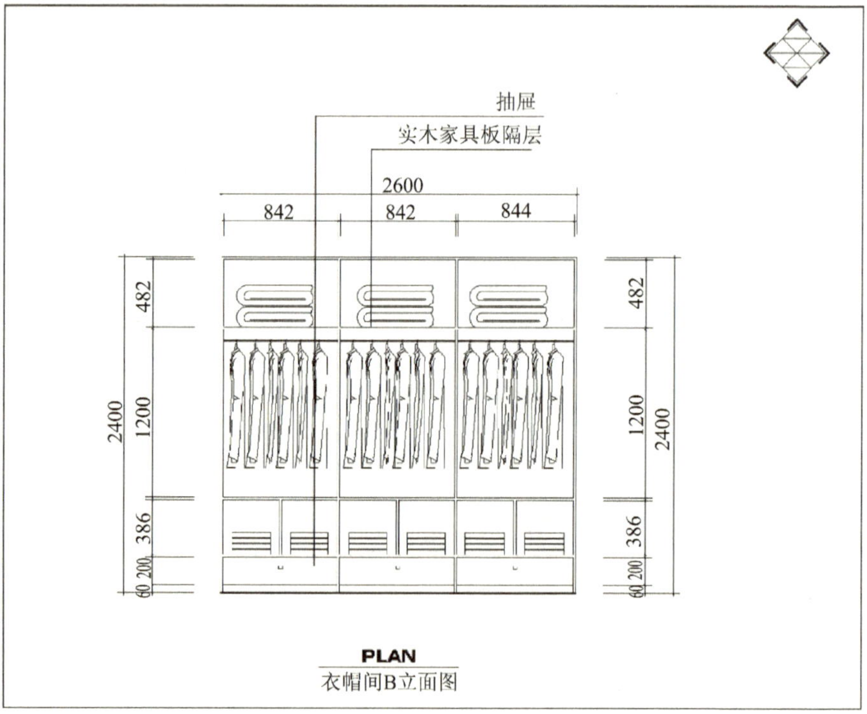

图 7-11　衣帽间 B 立面图

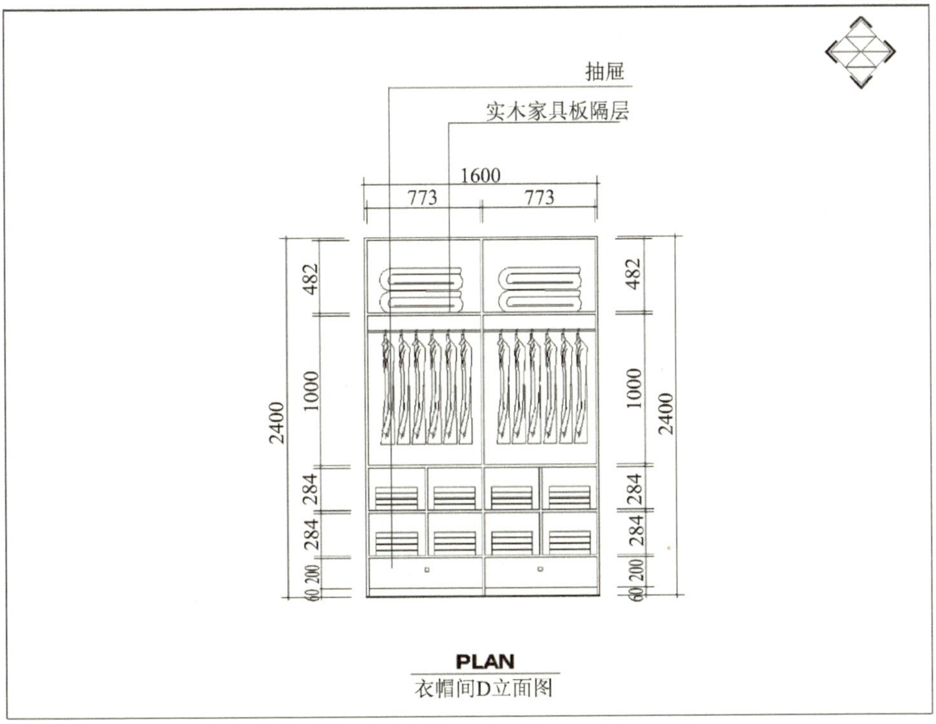

图 7-12　衣帽间 D 立面图

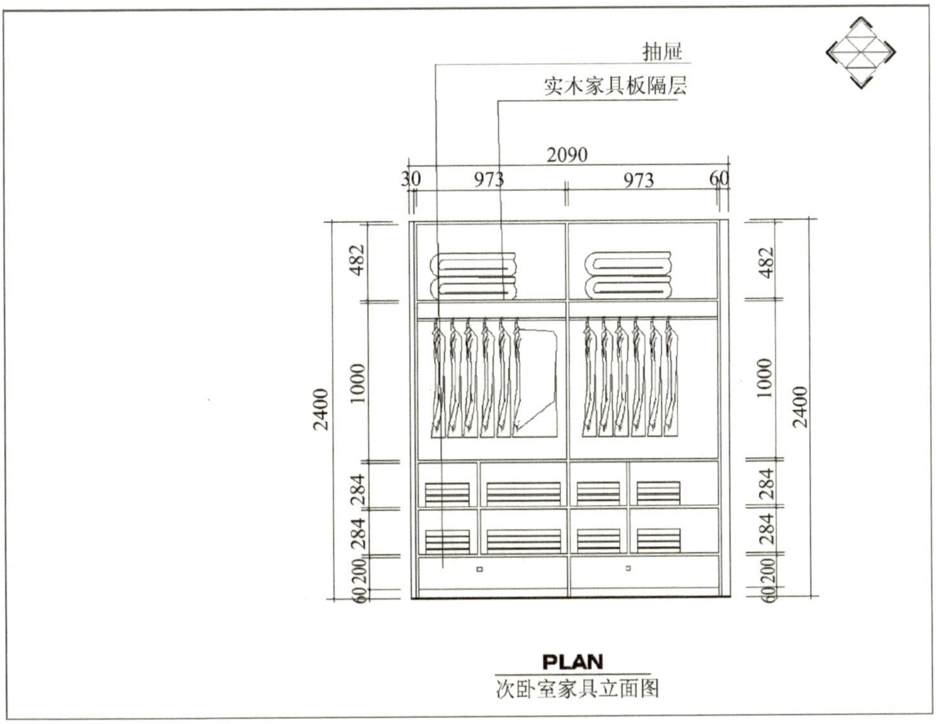

图 7-13　次卧室家具立面图

第 8 章　餐饮空间室内设计

8.1　酒店室内装饰设计原则

1. 满足酒店的实用功能

酒店兼具客房、餐饮、娱乐功能。酒店装饰设计应充分考虑这三大实用功能。

（1）优化空间序列。充分考虑酒店客房、餐饮、娱乐各功能之间合理简洁的空间流线，确保空间转换流程便捷。

（2）重视家具陈设。家具及陈设物的选择与布置，应充分考虑酒店的特色与整体风格。

（3）强化采光照明。酒店应尽可能多地利用日光照明，以突出大自然阳光、空气的迷人魅力。灯光照明应突出酒店的品质与特色，彰显酒店的豪华与气派。

（4）重视绿化陈设，调节身心。酒店的绿化陈设必不可少，既可使人爽心悦目，又美观、净化空间。

2. 满足酒店的审美需求

（1）构建整体美。室内装饰设计在酒店整体形象和氛围的营造中十分关键。

（2）创造情境交融的人文景观。酒店室内装饰应充分反映当地自然和人文背景，强化民族风格、地域文化特色。

3. 突出风格与特色

酒店室内装饰设计能够突出酒店的风格与特色，使宾客在酒店不同的环境空间里获得丰富的精神体验，或宁静安谧、或深邃悠远、或热情浪漫，同时还能获得传统与现代、典雅与淳朴、庄重与活泼、端庄与轻松等不同风格与特色带来的不同享受。

8.2　酒店不同功能空间装饰设计

1. 酒店入口

（1）棚架式。一般采用钢化玻璃、金属材料与透明张拉膜等材料构成斜坡式、篷帐式、半球式和尖顶式等形态各异的棚架造型，另可配以流动感强的现代灯饰、雕塑，如图 8-1所示。

（2）花园式。花园式酒店入口通常有流畅的人流线、回车线环绕其间，点缀绿化植物交叉组成各种图案、标志，再辅以雕塑、园林灯柱、栏杆等，与门旁的盆景相呼应，整个店门前洋溢着浓郁的自然气息。

（3）门面式。将门面设计装饰与广告促销进行有效组合。这类酒店入口的装饰设计可利用玻璃门、落地窗张贴巨大的广告艺术画，安装霓虹灯，以展示酒店的特色风貌，如图 8-2 所示。

图 8-1 棚架式

图 8-2 门面式

2. 酒店大堂

酒店大堂是宾客出入酒店休息、办理入住、退房等手续的空间，是通向酒店其他主要公共空间的交通枢纽，其装饰设计、布局，以及所营造出的独特氛围，将直接影响酒店的形象。

（1）酒店大堂的风格类型

① 庭园式。常常引入假山、流水、绿化植物，造就庭中公园般景色。

② 现代式。采用新材料、新工艺的灯饰、雕塑，再辅以不锈钢陈设品等反光性强的材料装饰，显得玲珑剔透，充满现代感，另点缀绿化植物，让宾客感觉情趣无穷。

③ 古典式。此类大堂具有浓厚的传统色彩，大堂内设有古董般的吊灯、绘画、造型艺术品，让宾客感受到大堂空间古朴典雅又富有传奇色彩。

（2）酒店大堂的装饰设计

① 突出视觉中心点。在酒店大堂装饰设计中，设置中心点可起到凝聚宾客视线或标明位置的作用。如在酒店大堂设置主题雕塑或其他主题饰物，除具观赏性外，还可使大堂显得更为精美、富有文化意味。

② 强化线的视觉效果。在酒店大堂装饰设计中有些线被刻意强调出来，例如能起到空间隔断作用的线帘、珠帘等。

③ 保留重点界面。在酒店大堂装饰设计中应保留重点界面，它们常常是侧界面，也可以是顶界面、底界面。一般可在大堂的重点界面设置壁画或放置软装饰，烘托环境气氛。

④ 围合相对空间。通常涉及营造大堂空间的构件有大堂各界面、家具、绿化、水体、雕塑、灯具及其他陈设品等。可以利用上述构件围合成相对的空间，使大堂空间产生疏密、张弛的节奏变化，丰富视觉效果。

⑤ 照明。光是大堂活力的主要来源。灯饰设计的首要任务是满足酒店大堂合理的照度，方便对客服务，酒店大堂多采用豪华水晶吊灯。有时，设计师也会融入一些特有的人文元素、自然元素等。

⑥ 材料的质感、肌理。大堂装饰设计选用材料时，有些位置不必选用高档、豪华材料；相反，一些适宜而又普通的材料反而显得恰如其分，相得益彰，并将局部的高档材料衬托出来。

⑦ 色彩。在大堂空间制订色彩方案时，应认真考虑色彩、基调及色调的分布，以便更好地提升室内空间的表现性。

3. 前台

前台是大堂活动的主要焦点，向宾客提供咨询、离店结算、转达信息、贵重品保存等服务。

前台可以设置为桌台式（坐式），也可以设置为柜式（站立式）；前台两端不宜完全封闭，应设置不小于一人宽度的进出口，便于前台人员随时为宾客提供个性化服务。

4. 宾客休息区

宾客休息区装饰的重点在于陈设设计，其中又以家具陈设为主，如沙发、座椅、茶几等。

（1）观赏类家具。观赏类家具更多起到美化作用，也可单独成艺术品。

(2) 民族文化类家具。选择这类家具,要求设计师对生活有深刻的理解,对各国各民族文化有深入的了解,且对酒店风格有很好地整体把握。

(3) 与其他陈设相协调。宾客休息区家具陈设无论从实用的角度考虑,还是从艺术的角度考虑,最终都要与其他陈设协调一致,如织物陈设(包括地毯、窗帘、靠垫等)、绿化陈设、灯具等。

5. 餐厅装饰设计

餐厅入口门厅装饰一般较为华丽,且与大堂设计风格一致。根据门厅的大小,一般可选择设置迎宾台、顾客休息区、餐厅特色简介等,还可结合楼梯设置灯光喷泉水池或装饰小景。

餐厅装饰设计一般有如下要求:

(1) 分隔相对空间。在餐厅中应以灵活有效的手段(绿化、帷幔等),划分和限定各个不同的用餐区,保证各个区域之间相对独立,避免相互干扰。

(2) 各相对空间应在统一中追求变化。应有与之相适应的餐桌椅的布置方式和相应的装饰风格。

(3) 色彩应尽量凸显餐厅经营特色。西餐厅色调典雅、明快,以浅色调为主;中餐厅色调热烈、华贵,以较重的色调为主,如红色增添吉庆,暖色调增强食欲、调节心情等。

(4) 餐厅卫生间装饰设计。可用少量艺术品或古玩点缀,以提高卫生间的档次;设置各类标识;配备保洁设施。

8.3 酒店室内装饰设计教学案例

8.3.1 案例一

项目名称:香逸渔港

设计师:张晓初

设计单位:镇江市集美装饰设计工程有限公司

(1) 一层总平面布置图(见图 8-3)。

(2) 一层总顶面布置图(见图 8-4)。

(3) 一层夹层顶面布置图(见图 8-5)。

(4) 三层总平面布置图(见图 8-6)。

(5) 二层总顶面布置图(见图 8-7)。

(6) 四层总平面布置图(见图 8-8)。

(7) 实景图(见图 8-9 ~ 图 8-18)。

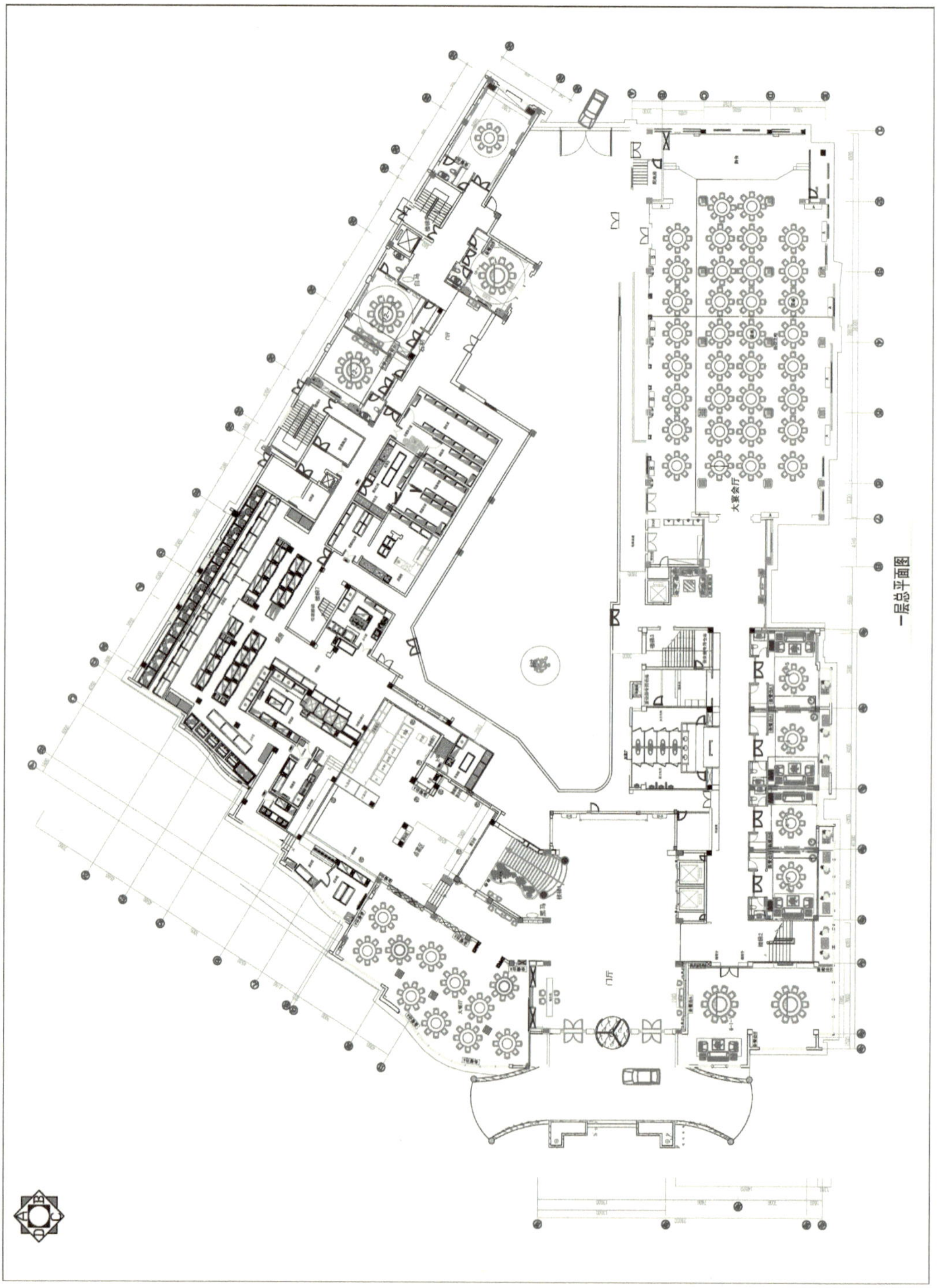

图 8-3 一层总平面图

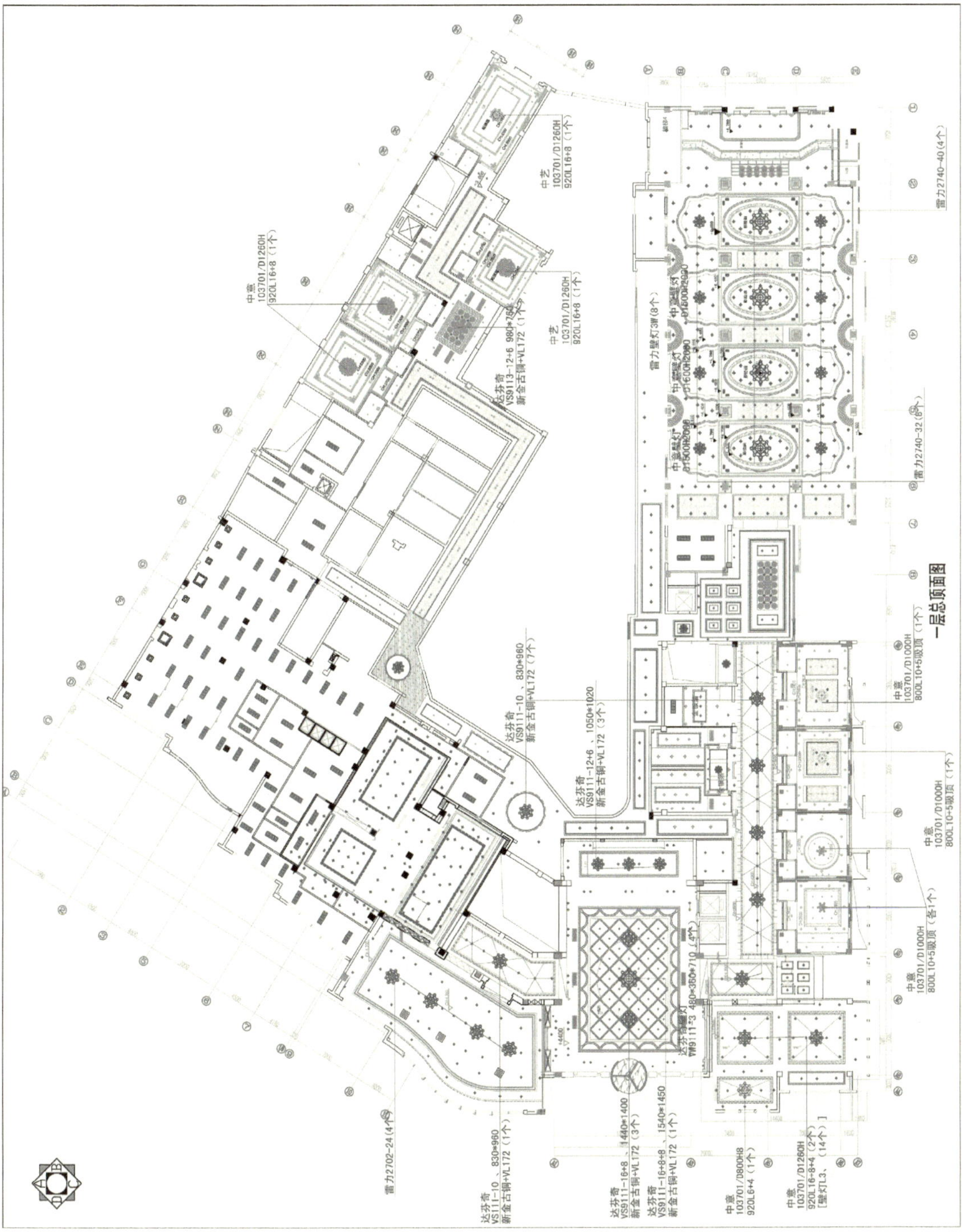

图 8-4 一层总顶面图

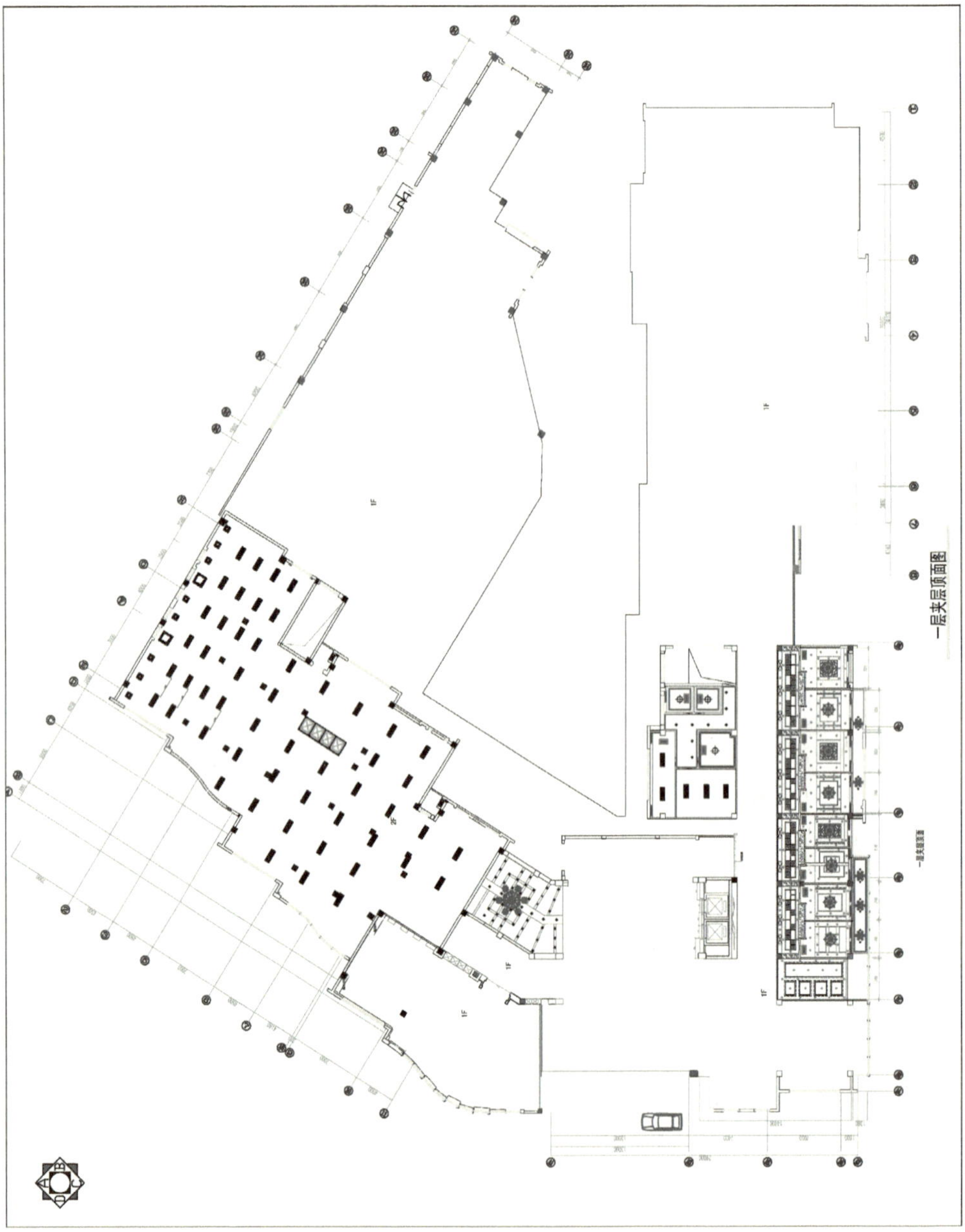

注：挑高层

图 8-5 一层夹层顶面图

图 8-6　三层总平面图

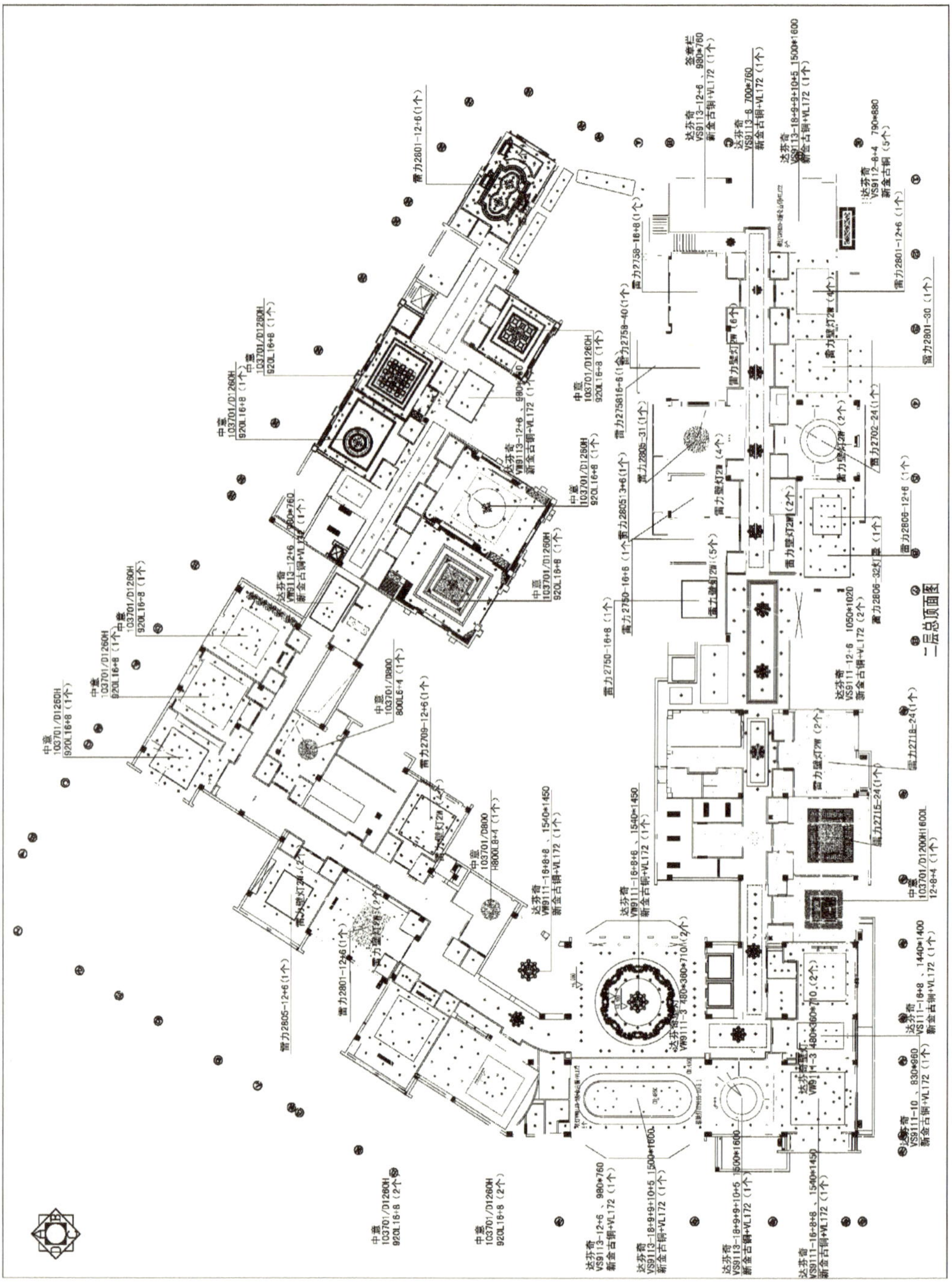

图 8-7　二层总顶面图

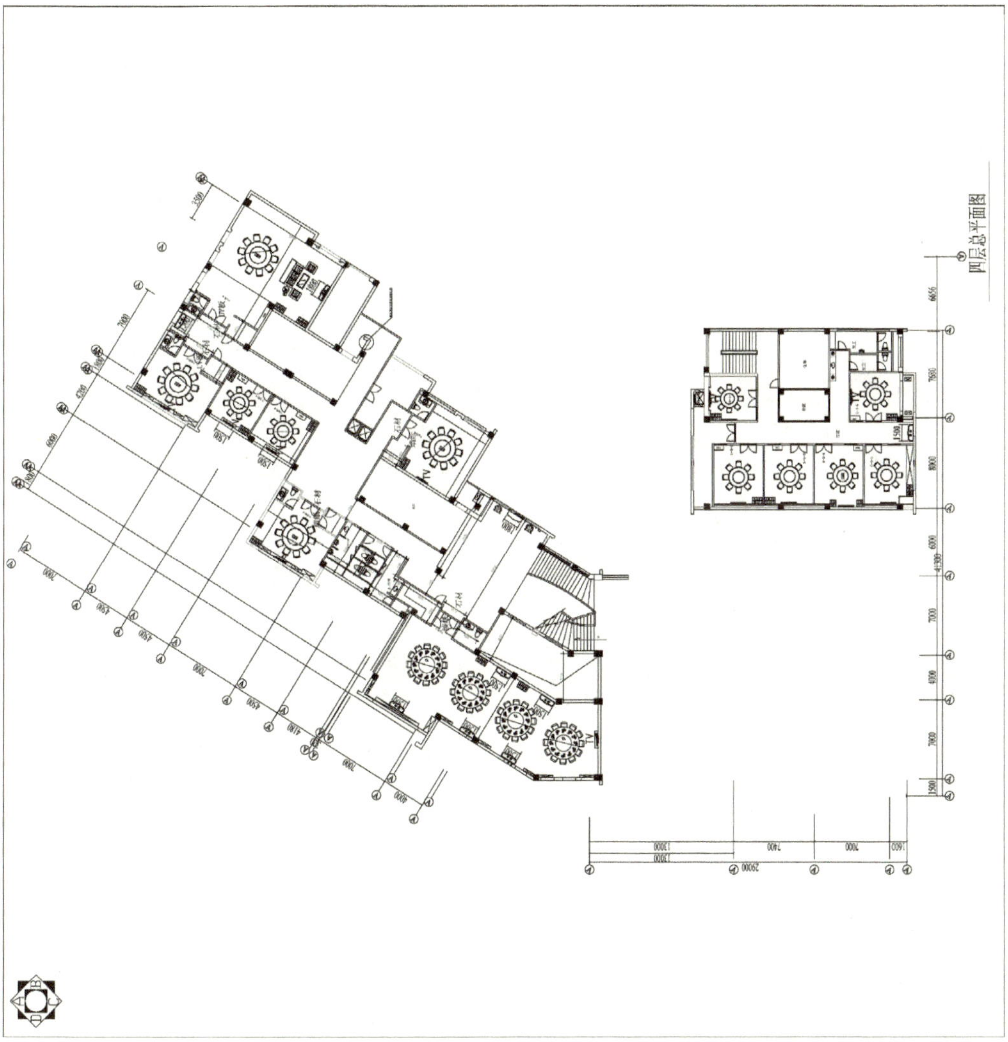

图 8-8 四层总平面图

图 8-9　实景图(一)

图 8-10　实景图（二）

图 8-11　实景图（三）

图 8-12　实景图(四)

图 8-13　实景图(五)

图 8-14　实景图(六)

图 8-15　实景图(七)

图 8-16　实景图(八)

图 8-17　实景图(九)

图 8-18　实景图(十)

8.3.2 案例二

项目名称：乾海酒店

（1）一层大堂平面图（见图8-19）。

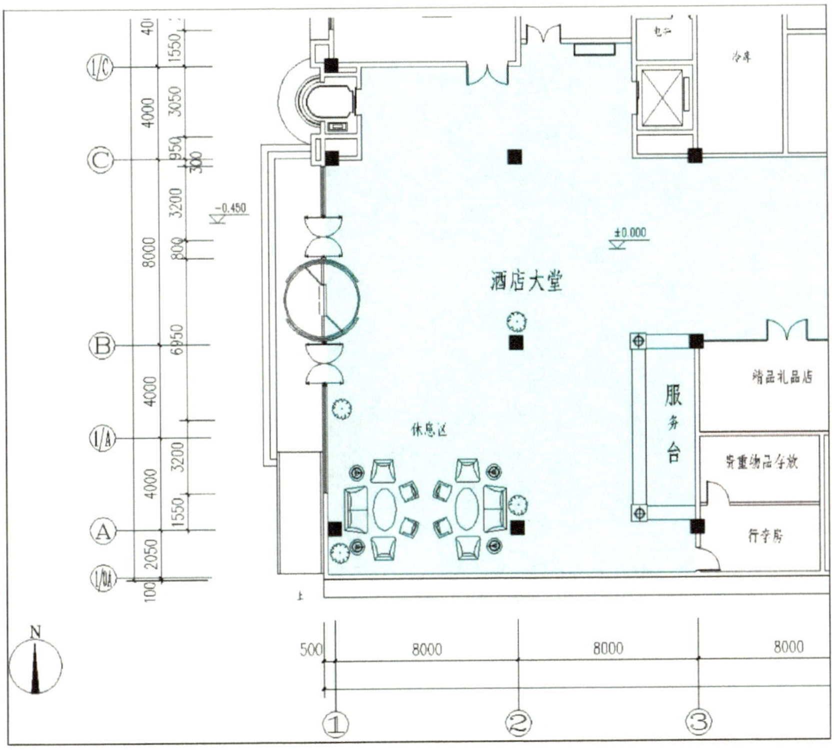

(a)

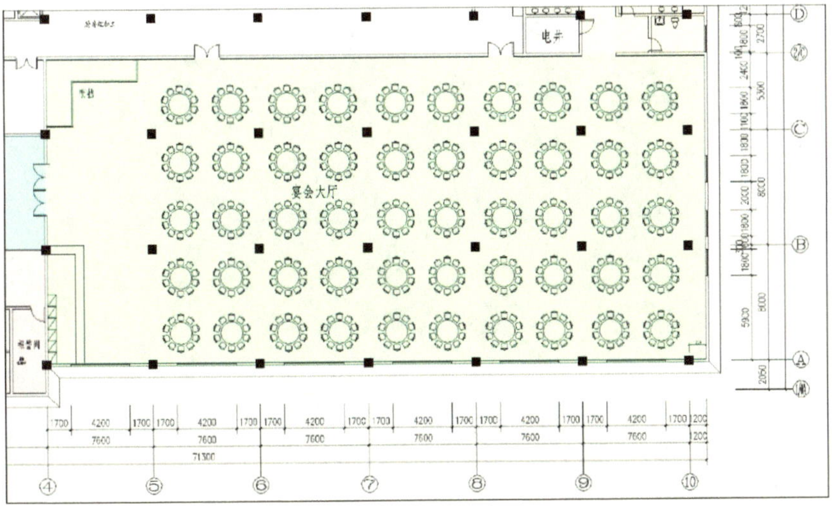

(b)

图8-19 一层大堂平面图

（2）一层宴会大厅（见图 8-20 ~ 图 8-24）。

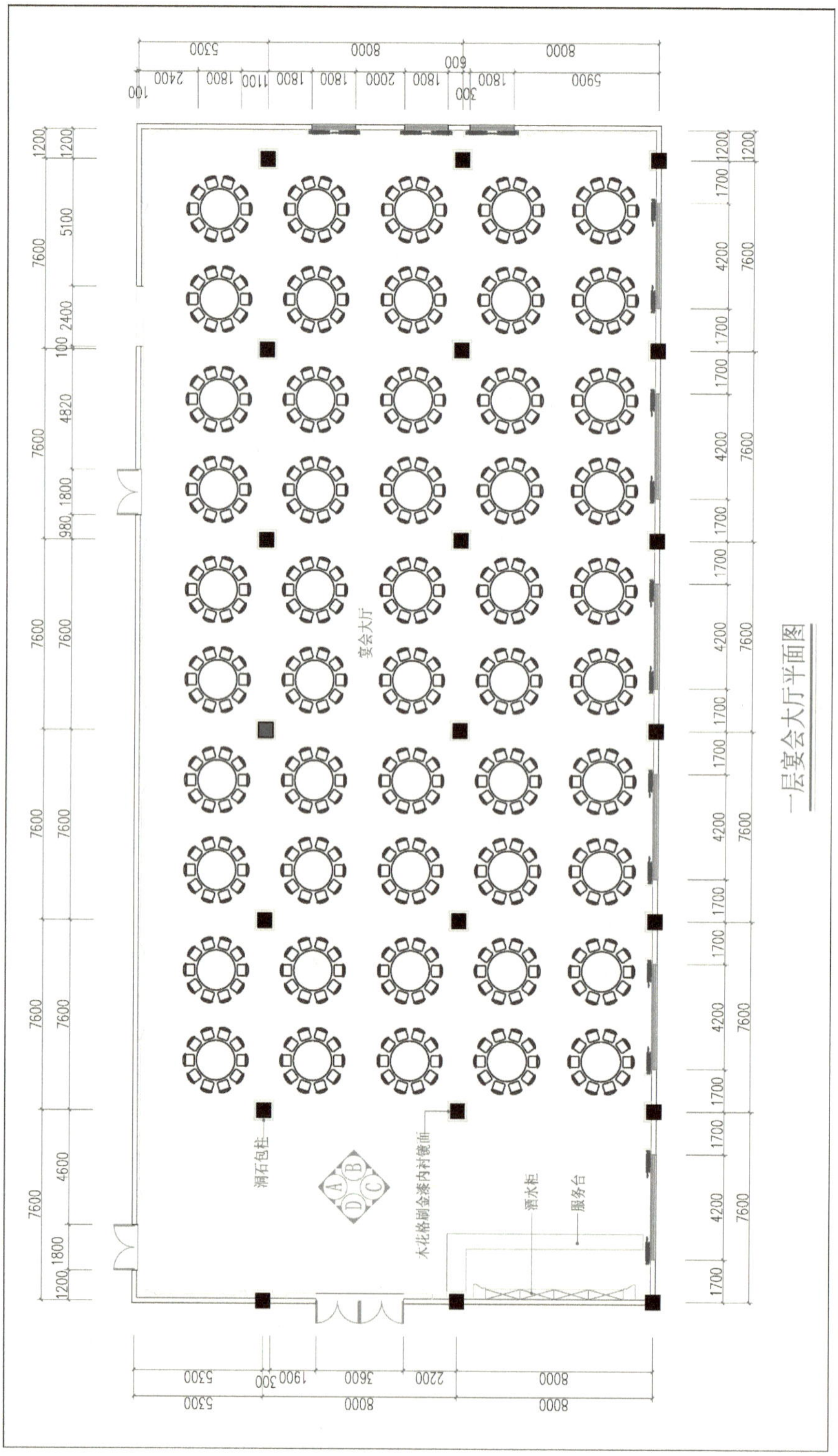

图 8-20　一层宴会大厅平面图

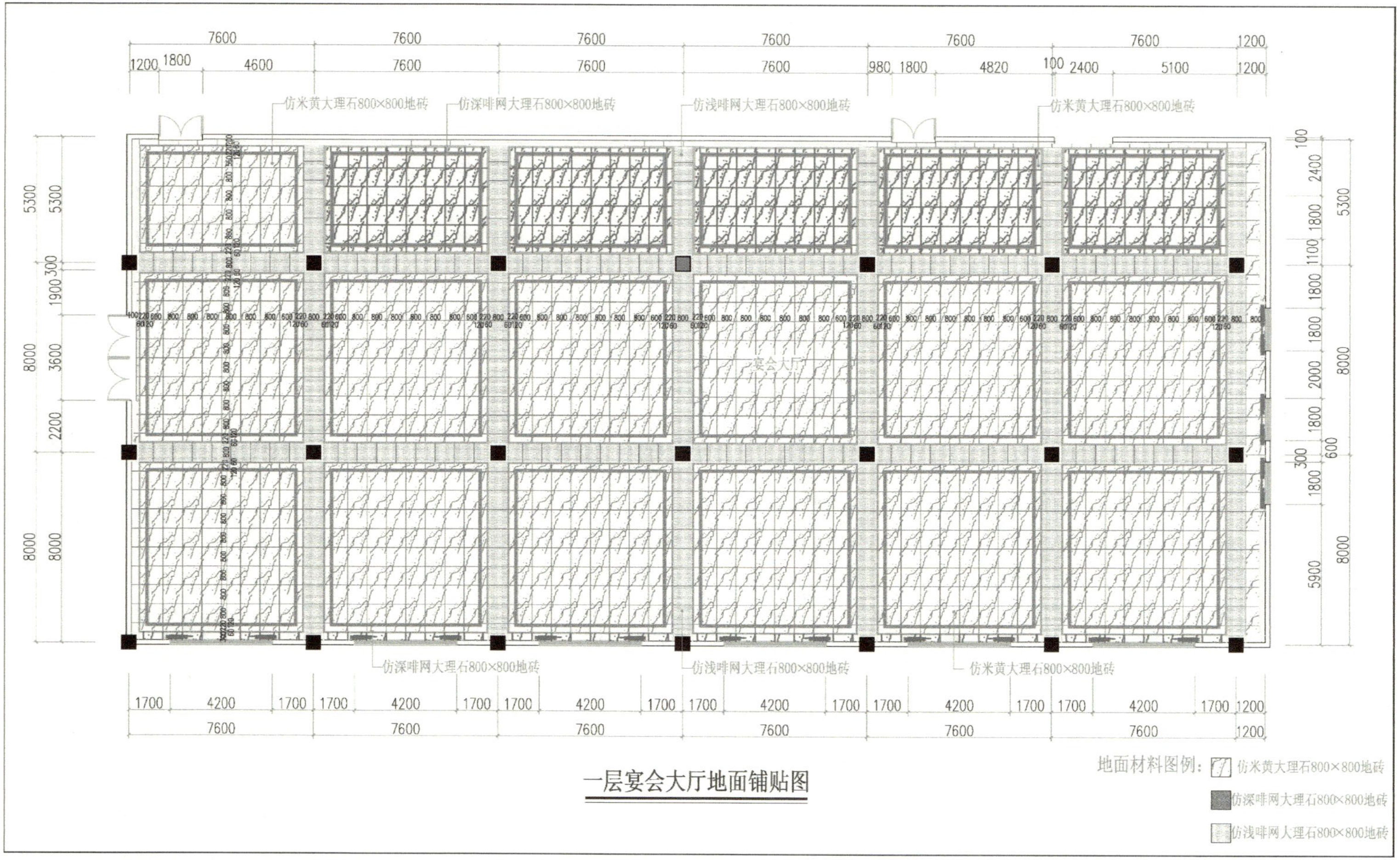

图 8-21 一层宴会大厅地面铺贴图

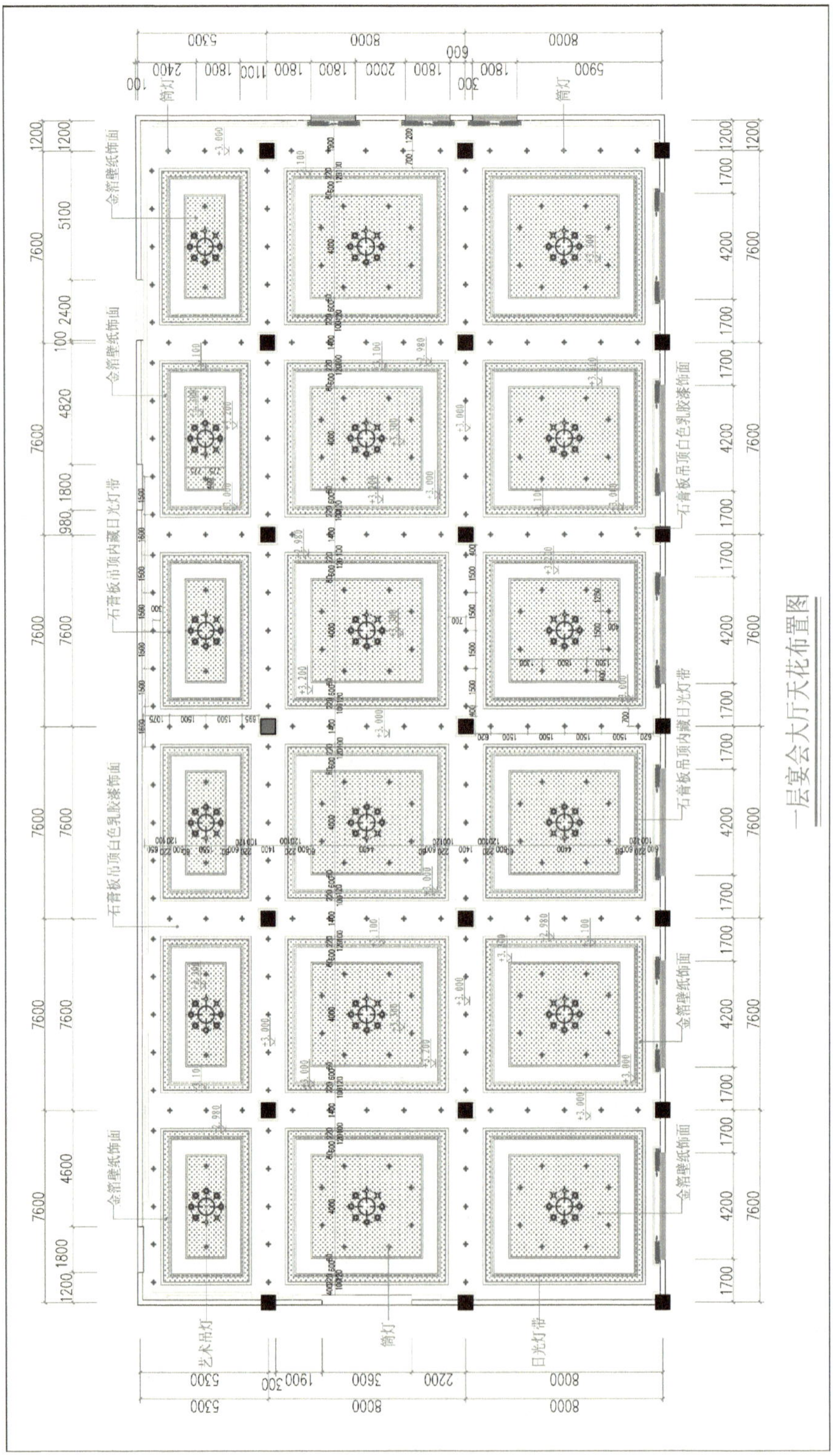

图 8-22　一层宴会大厅天花布置图

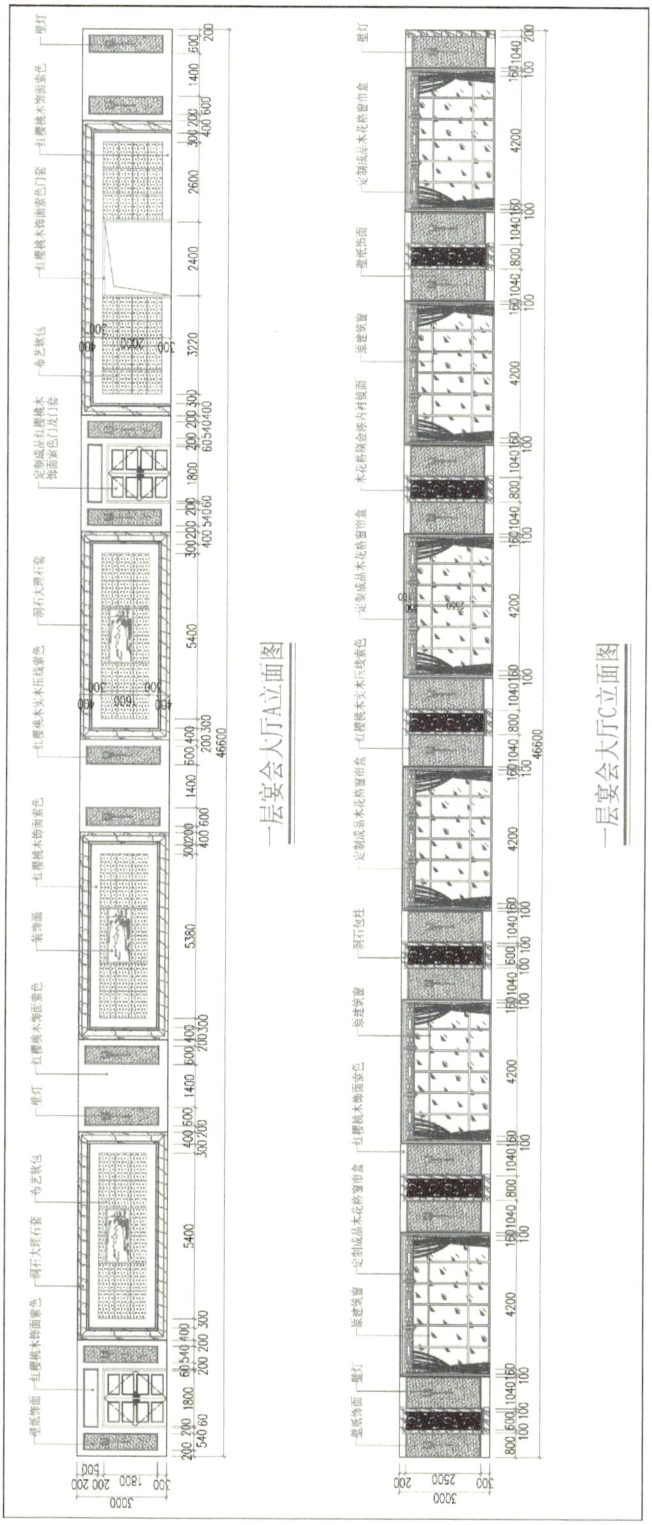

图 8-23　一层宴会大厅 A 立面图、C 立面图

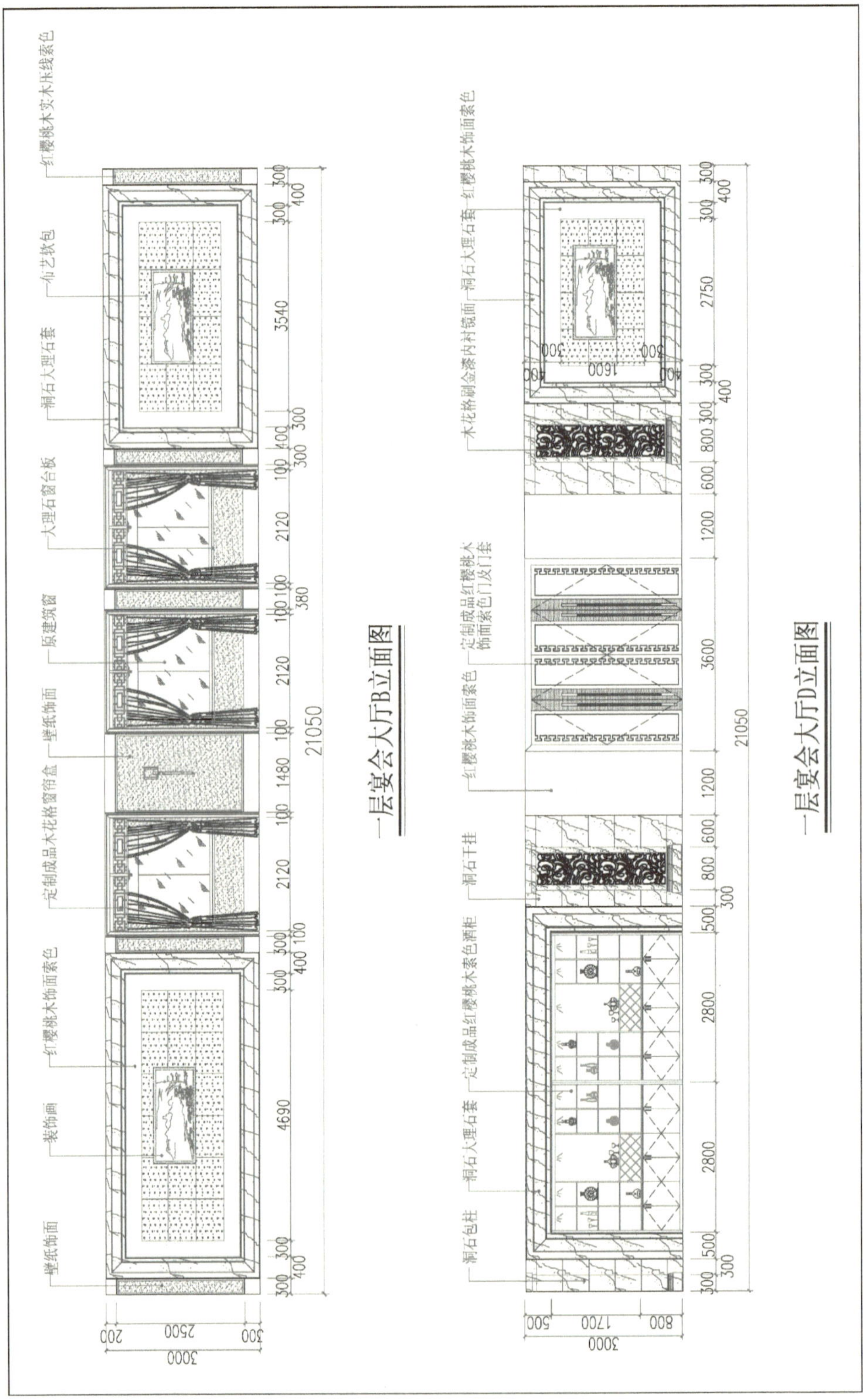

图 8-24　一层宴会大厅 B 立面图、D 立面图

（3）酒店效果图（见图 8-25 ~ 图 8-39）。

图 8-25　宴会大厅效果图

图 8-26　大堂效果图（一）

图 8-27　大堂效果图(二)

图 8-28　大堂效果图(三)

图 8-29　大堂效果图(四)

图 8-30　二层大堂休息厅效果图

图 8-31　二层走道效果图

图 8-32　包厢效果图(一)

图 8-33　包厢效果图(二)

图 8-34　包厢效果图(三)

图 8-35 包厢效果图(四)

图 8-36 包厢效果图(五)

图 8-37 包厢效果图(六)

图 8-38 包厢效果图(七)

图 8-39　包厢效果图(八)

第9章　办公空间室内设计

9.1　办公室分类

1. 按单位性质分类

（1）执行办公室：各级机关、团队、事业单位、工矿企业的办公室。

（2）专业办公室：设计机构、科研部门、商业、贸易、金融、投资信托、保险等行业的办公室。

（3）综合办公室：含有公寓、商场、金融、餐饮娱乐设施等的办公室。

2. 按使用功能分类

（1）办公用房：其平面布局取决于本身用途、管理方式、结构特点等，如单元型、公寓型、景观型等。

（2）公共用房：如会客室、接待室、各类会议室、阅览展示厅、多功能厅等。

（3）服务用房：如资料室、档案室、文印室、电脑室等。

（4）附属设施：如开水间、卫生间、电话交换机房、变配电间、空调机房、锅炉房及员工餐厅等。

9.2　办公室内装饰设计要求

1. 室内装饰设计的要求

（1）统筹办公室使用性质、空间规模等现实需要，适当考虑功能的便捷、设施的布局等。

（2）对于综合型办公室的平面布局和分层设置，需将办公室与其他不同功能区域相对隔离。

（3）充分考虑安全疏散和有利于通行。

（4）设置室内绿化，营造良好的室内环境，有利于调整办公人员的工作情绪，充分调动他们的积极性，从而提高工作效率。

2. 各界面装饰设计的要求

（1）底界面。办公室底界面可为水泥粉光地面铺实木地板，或铺设橡胶底的地毯，扁平的电缆线设置于地毯下。对于智能型办公室，或管线铺设要求较高的办公室，应于水泥楼地面上设架空实木地板，使得管线的铺设、维修和调整均较方便。

（2）侧界面。办公室侧界面造型和色彩等方面的处理以淡雅为宜，有利于营造合适的办公氛围。侧界面常用浅色系列的乳胶漆涂刷，也可贴以墙纸，如隐形肌理型淡色系列的墙纸等。装饰标准较高的办公室也可以采用木胶合板做面材，配以实木压条，具体材料应根据室内总环境及家具、挡板等的色彩和质地选择。木装修的墙面或隔断可选用以柳桉、水曲柳为贴面的中间色调，或以榉木、枫木为贴面的浅色系列。

(3) 顶界面。办公室顶界面应质轻并具有一定的光反射和吸声作用。设计中最为关键的是必须与空调、消防、照明等有关设施密切配置,尽可能使吊顶平顶上部各类管线协调配置,在空间高度和平面布置上排列有序。

9.3 办公室内装饰设计手法

1. 开放式办公空间室内装饰设计

开放式办公空间,亦称开敞式办公室,它突出地体现了沟通与私密相交融、高效与多层次相结合的现代办公室环境理念。

2. 单元型办公空间室内装饰设计

单元型办公空间指在写字楼出租某层或某一部分作为单位的办公室。通常单元型办公室内部空间分隔为接待会客、办公(包括高级管理人员的办公)、展示等空间,还可根据需要设置会议、盥洗卫生等用房。

单元型办公室应具有相对独立的办公功能和行业特点。它既能充分运用大楼各项公共服务设施,又具有相对独立、分隔开的办公功能,因此,单元型办公室常是商贸办事处、设计公司、律师事务所和驻外机构办公用房的上佳选择。

3. 公寓型办公空间室内装饰设计

公寓型办公空间也称商住楼,其主要特点为除办公外同时具有类似住宅、公寓的盥洗、就寝、用餐等使用功能。它所配置的使用空间除与单元型办公室类似,即具有接待会客、办公(有时也有小会议室)、展示等空间外,还有卧室、厨房、盥洗等居住必要的使用空间。

4. 会议室、经理或主管室室内装饰设计

(1) 会议室装饰设计。会议室底界面的选材及做法基本上可参照办公室底界面的做法;侧界面除以乳胶漆、墙纸和木护墙等材料的装饰做法以外,壁面还可设置软包装饰,即以阻燃处理的纺织面料包以矿棉类松软材料,以改善室内的吸音效果;顶界面仍可参照办公室的选材,采用矿棉石膏或穿孔金属板,板的上部可放置与会议室桌椅布置相呼应的灯槽。

(2) 经理或主管室室内装饰设计。对于经理或主管室界面装饰材料的选用,地面通常可为实铺或架空实木地面,或在水泥粉光地面铺以优质塑胶类地毡或铺设地毯;墙面可以夹板面层辅以实木压条,或以软包做墙面面层装饰(需经阻燃处理),改善室内谈话声响效果。

9.4 办公室陈设设计

办公室陈设设计主要表现为家具陈设和绿化陈设。

1. 家具陈设

一些家具公司设计了矮隔断式的家具，它可将数件办公桌以隔断方式相连，形成一个小组，并以直排或斜排的方法巧妙组合，使其设计在变化中达到合理的要求。办公柜的布置应尽量依靠“墙体”。

室内摆设写字台最合理的方案是：写字台之后是踏踏实实的墙，左边是窗，透过窗是一幅优美的自然风景，这就形成了一个景色宜人、采光良好、通风适宜的工作环境。门开在写字台前方右角上，不易受门外噪音的干扰和其他人的窥视。

2. 绿化陈设

绿化陈设在办公室陈设中占有重要的地位，无论是对于营造良好的办公氛围，净化室内空气，还是对人的身心健康都是有好处的。在办公桌附近陈设一些或大或小的、与周围环境搭配的花卉和植物，可以调节心情，消除不良情绪，提高办公效率。

9.5 办公空间的色彩与心理

1. 办公室空间色彩的心理意义

办公空间的每一种色彩都有它自己的语言，会向他人传达一定的心理讯息，如黑色给人孤独感，但同时也有一种高贵和庄重；棕色让人觉得老气横秋，但不同浓度的棕色会产生出几分优雅；大红大粉过于张扬，但若与安静的冷色调搭配，能够显出年轻的活泼；本白土黄过分素净，若与快乐的暖色牵手，就易于表现出典雅。

2. 办公色彩的搭配

现代办公家具一般有黑色、灰色、棕色、暗红和素蓝色 5 种色调。通常不同种类的灰色用于办公桌，黑、棕色用于老板间和会客室的桌椅，素蓝和暗红多作办公空间用椅。

一般来说，办公空间色彩的配置要依照“大跳跃、小和谐”的原则。大跳跃是指办公空间之间的色彩变化。比如有三间办公空间，每间屋子可选择完全不同的主色调，就是“大跳跃”；但每间屋的门窗、桌椅和地板，甚至办公用品都要保持自己的整体和谐，就是“小和谐”。

9.6 办公室内装饰设计教学案例

（1）办公室布置（见图 9-1 ~ 图 9-8）。

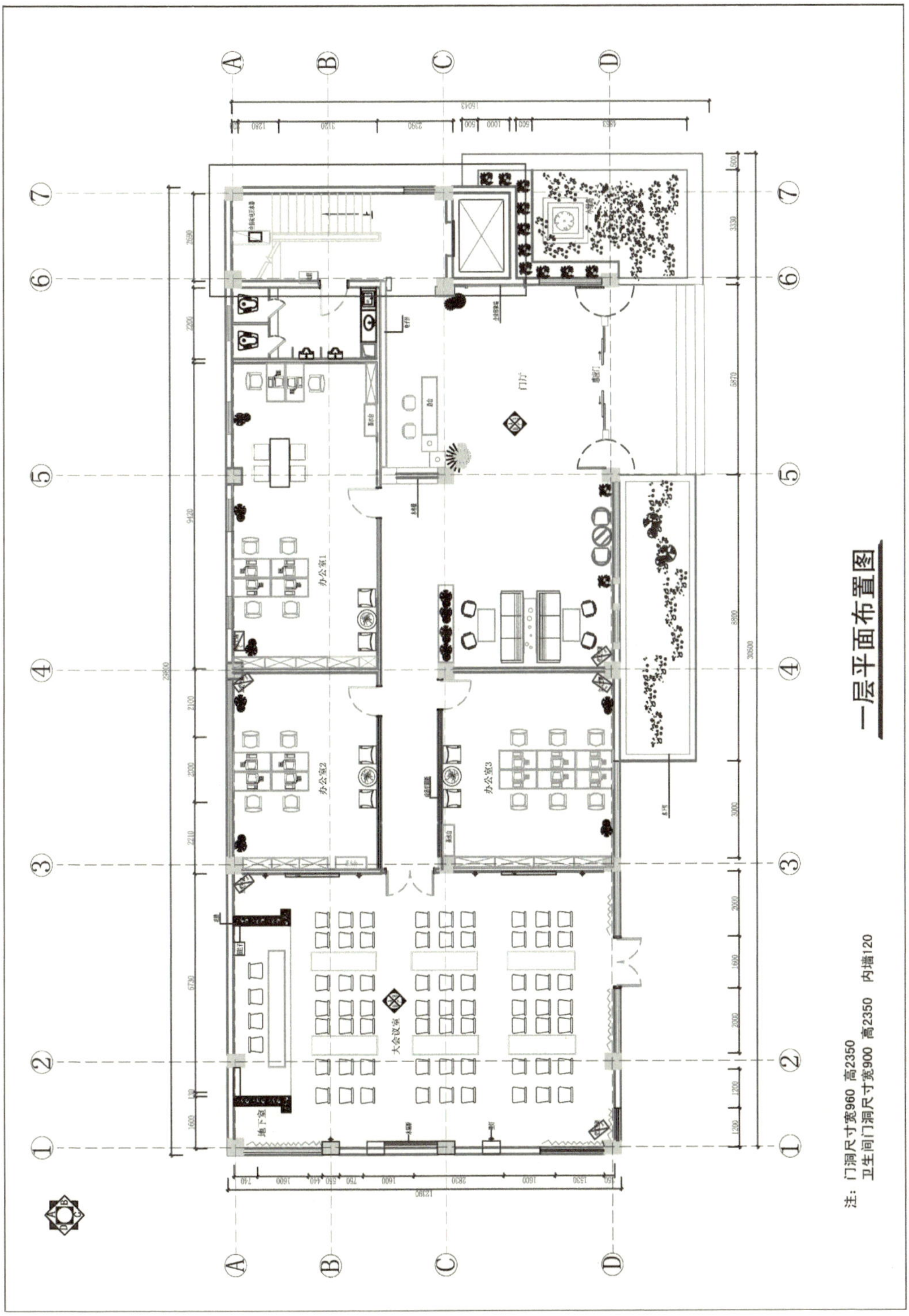
一层平面布置图
注：门洞尺寸宽960 高2350
卫生间门洞尺寸宽900 高2350 内墙120
门厅
办公室1
办公室2
办公室3
大会议室
地下室

图 9-1　一层平面布置图

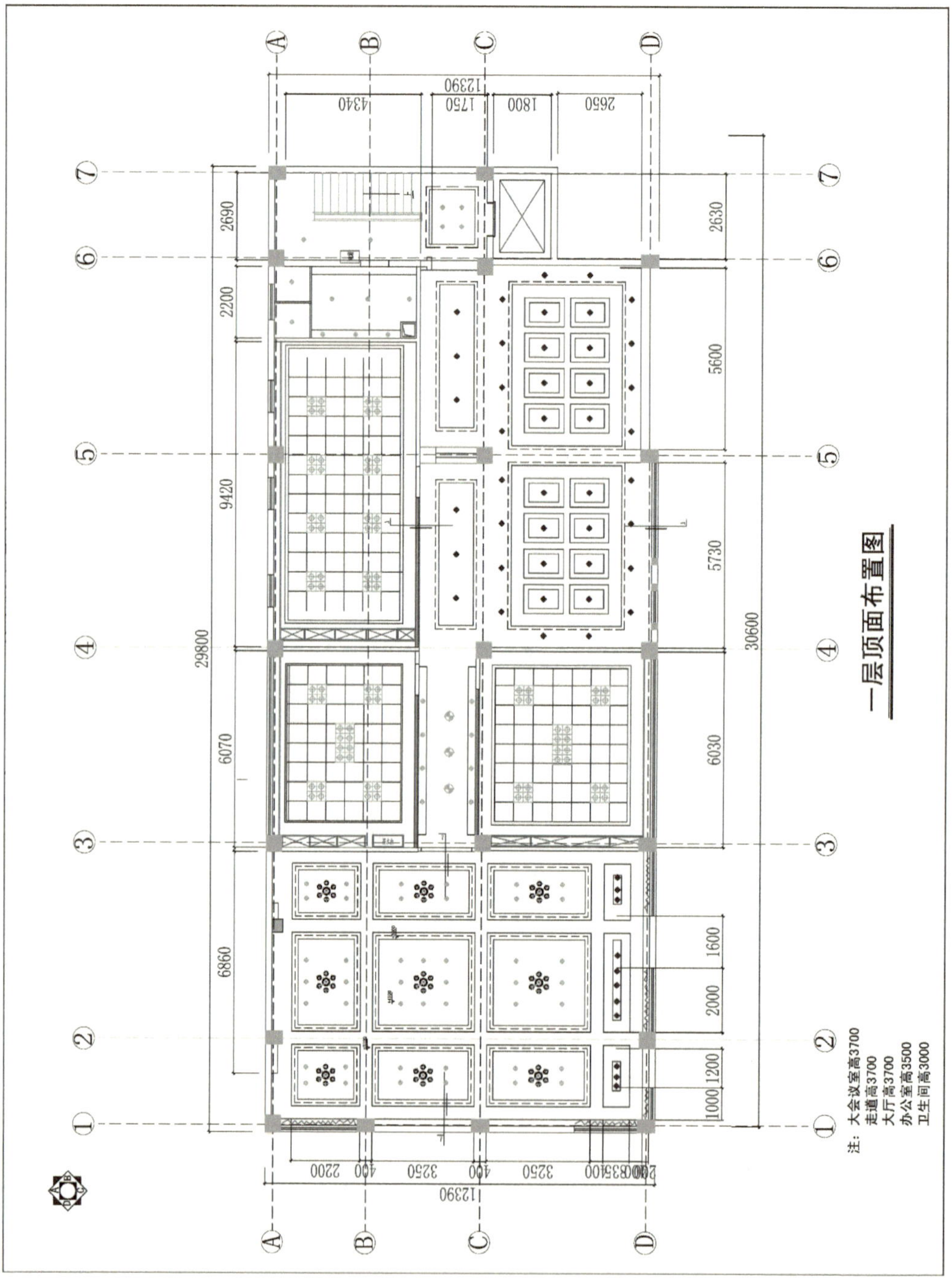

图 9-2　一层顶面布置图

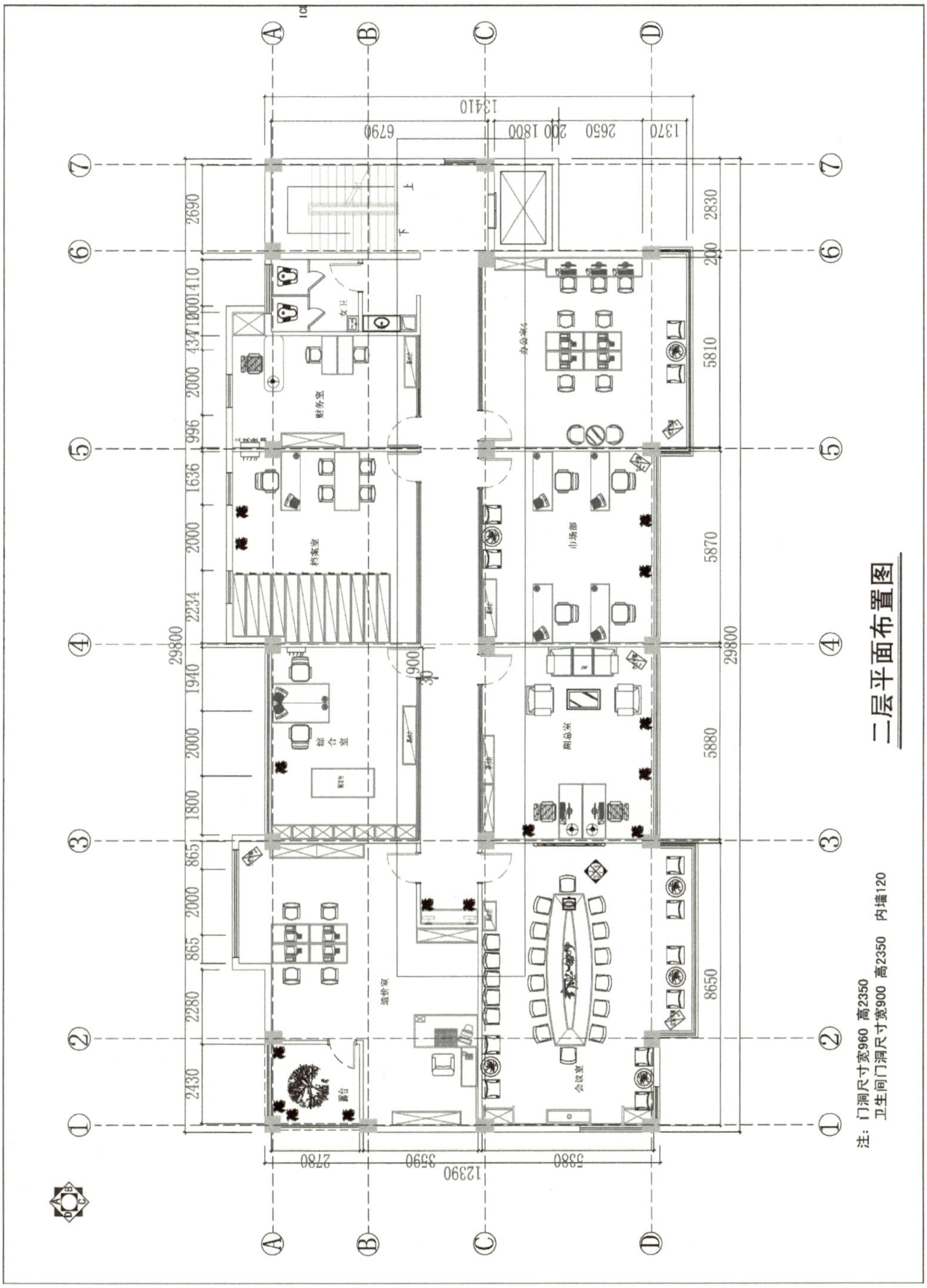
二层平面布置图
注：门洞尺寸宽960 高2350
卫生间门洞尺寸宽900 高2350 内墙120
13410
6790
12390
2780
3590
5380
29800
5810
5870
5880
8650
2830

图 9-3 二层平面布置图

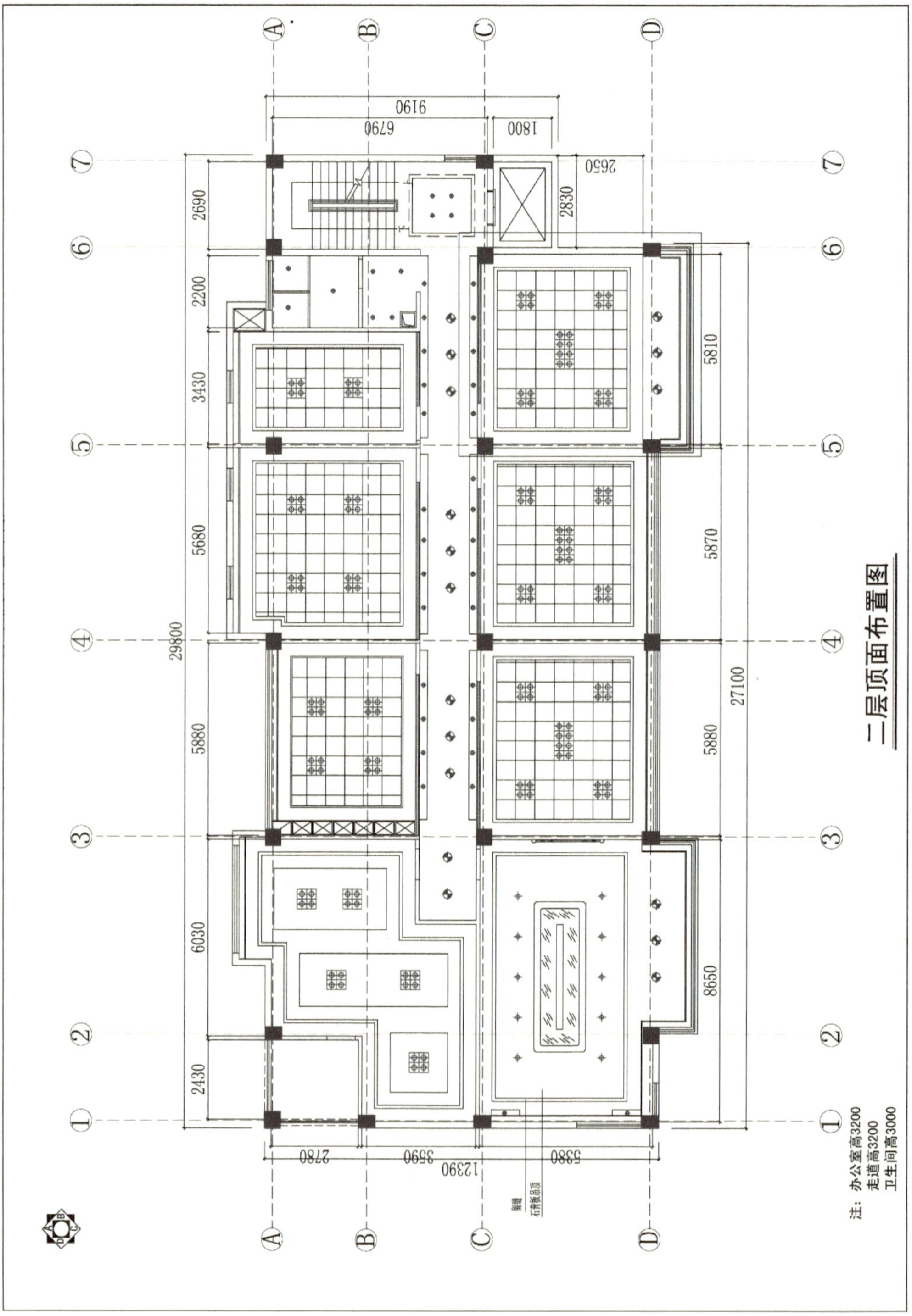
二层顶面布置图
注：办公室高3200
走道高3200
卫生间高3000
9190
6790
1800
2650
2830
2690
2200
3430
5680
5880
6030
2430
29800
5810
5870
5880
8650
27100
2780
3590
5380
12390

图 9-4　二层顶面布置图

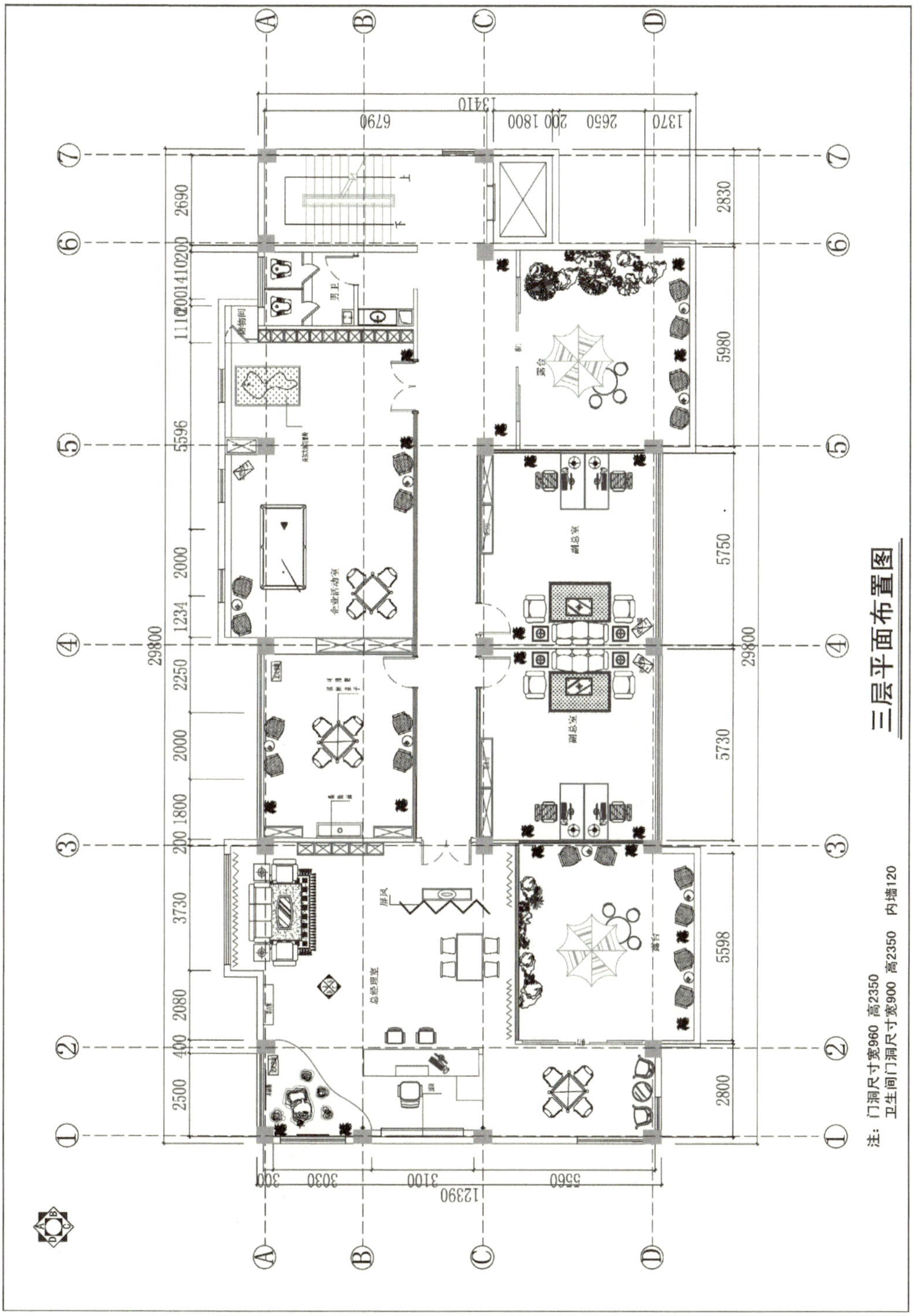
三层平面布置图
注：门洞尺寸宽960 高2350
卫生间门洞尺寸宽900 高2350 内墙120
总经理室
屏风
露台
副总室
企业活动室
男卫
29800
13410
12390
6790
5596
5980
5750
5730
5598
2800
2830

图 9-5 三层平面布置图

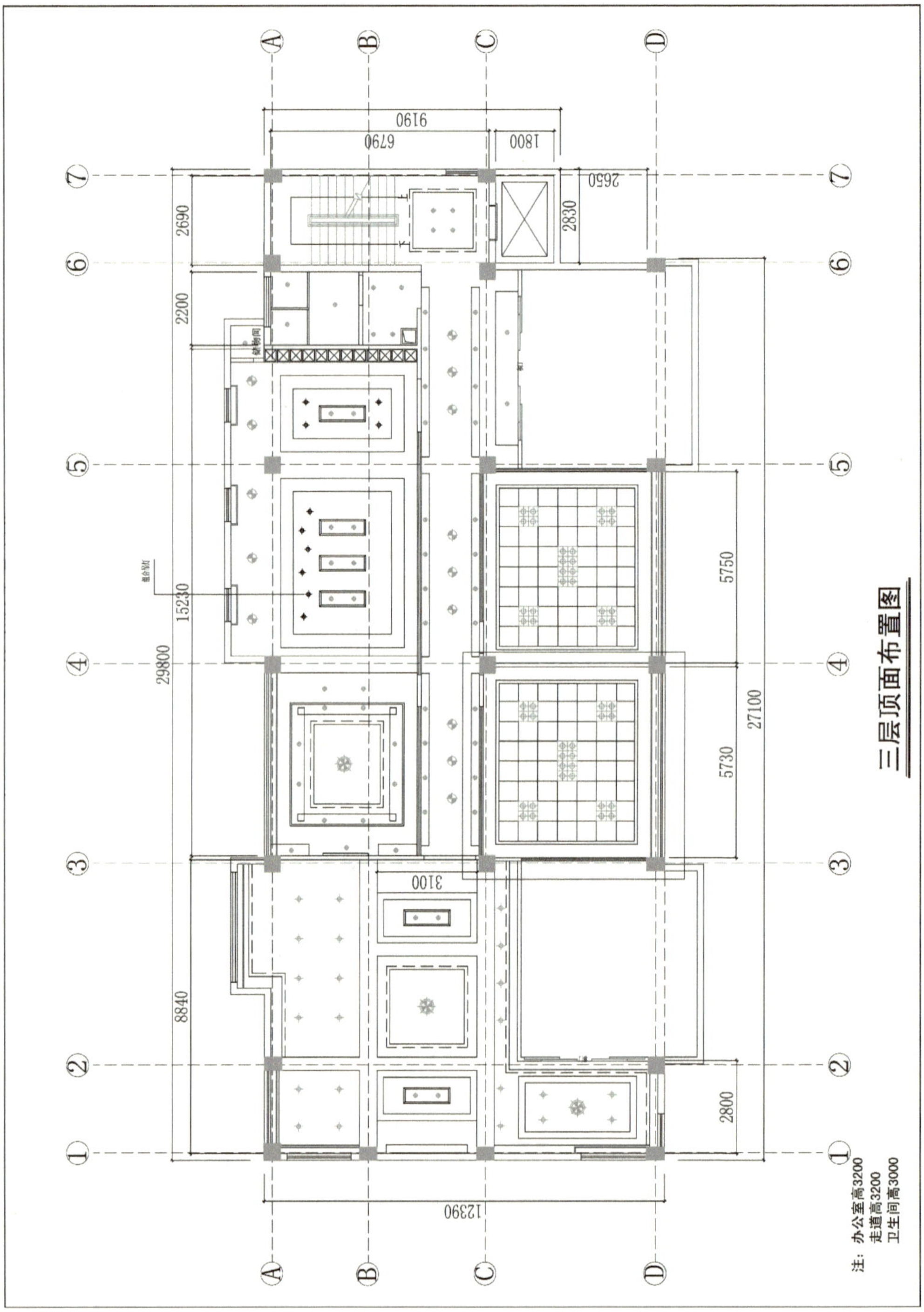
二层顶面布置图
注：办公室高3200
走道高3200
卫生间高3000
9190
6790
1800
2650
2830
2690
2200
15230
29800
8840
5750
5730
27100
2800
3100
12390
A
B
C
D
1
2
3
4
5
6
7

图9-6 二层顶面布置图

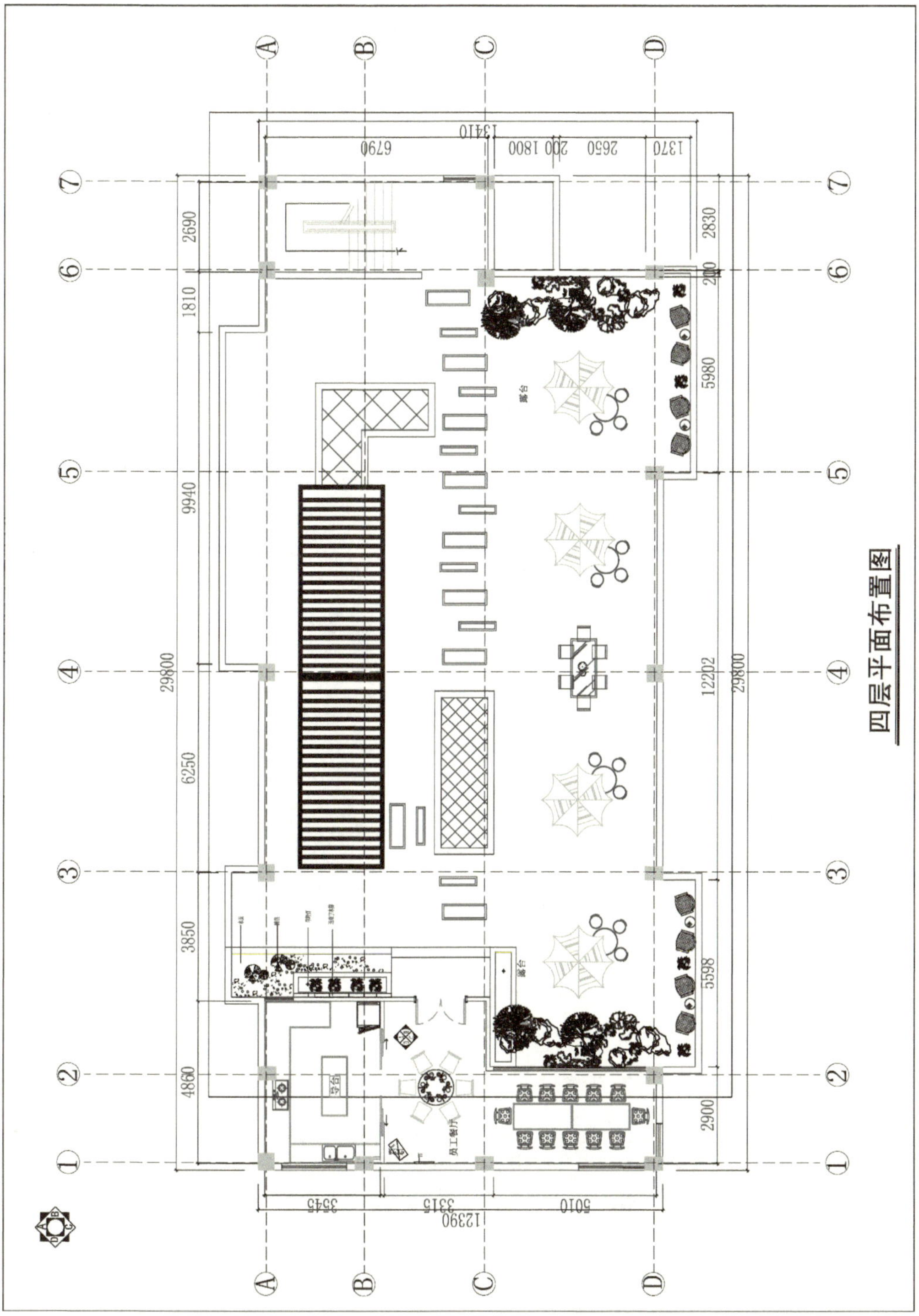

图 9-7　四层平面布置图

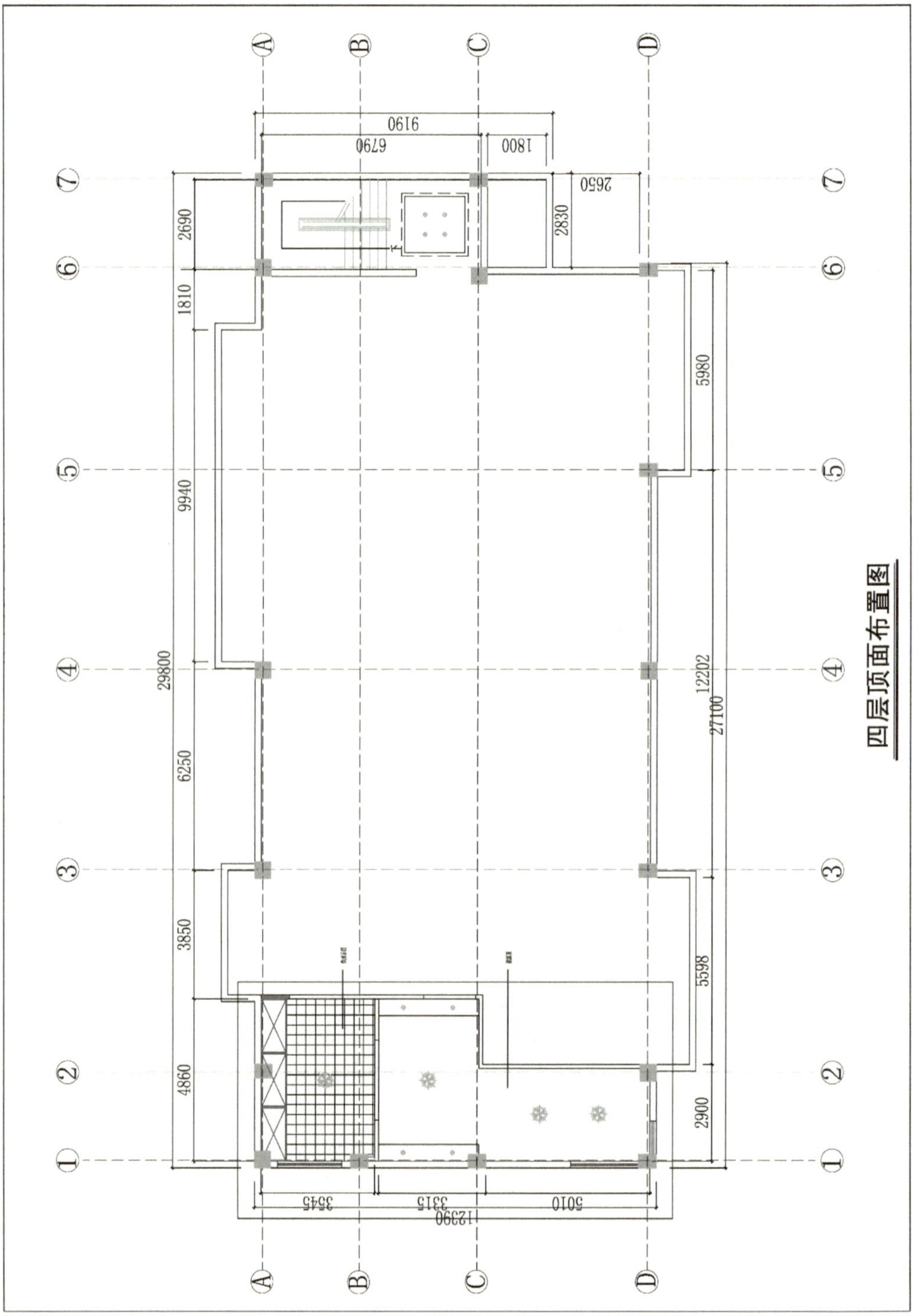
四层顶面布置图
A
B
C
D
1
2
3
4
5
6
7
9190
6790
1800
2650
2830
2690
1810
9940
29800
6250
3850
4860
5980
12202
27100
5598
2900
3545
3315
5010
12390

图 9-8　四层顶面布置图

（2）办公室效果图（见图 9-9 ~ 图 9-13）。

图 9-9　门厅效果图

图 9-10　会议室效果图

图 9-11　总经理办公室效果图

图 9-12　企业文化展示室效果图

图 9-13　屋顶花园及餐厅效果图

第10章　娱乐场所空间室内设计

10.1　娱乐场所

1. 娱乐场所的概念

在《现代汉语词典》中,“娱乐”,作动词时指“使人快乐;消遣”;在作名词时意为“欢乐有趣的活动”。由此可见,广义地讲,凡是能够“使人欢乐”,或开展“欢乐有趣的活动“的一切地方,都可以称为娱乐场所。

狭义的娱乐场所,一般是指以营利为目的,并向公众开放、消费者自娱自乐的歌舞、游艺等场所,主要包括会所、KTV、酒吧等各类歌舞娱乐场所和以操作游戏、游艺设备进行娱乐的各类游艺娱乐场所。随着经济的发展,一些影剧院也开始向多功能一体化方向发展,远远超出了影剧演出的范围,也逐渐被纳入娱乐场所。

2. 娱乐场所的分类

(1) 演映场所:影剧院、录像厅、音乐厅等。

(2) 歌剧场所:歌厅、舞厅、KTV、夜总会等。

(3) 游艺游戏场所:各类游乐场、游戏厅等。

(4) 健身休闲场所:台球室、保龄球室、室内高尔夫球场、健身房、游泳池、洗浴中心、温泉浴场、桑拿浴场、浴足馆、农家乐等。

(5) 茶酒宴饮场所:酒吧、茶吧、咖啡馆、饮吧等。

(6) 网络场所:网吧、网上阅览室等。

3. 娱乐场所的特性

(1) 娱乐性。娱乐场所的首要特性就是要创造一种轻松活泼、愉悦身心的室内环境。

(2) 梦幻性。娱乐场所的目的就是要营造一种梦幻般愉悦的效果,让人暂时忘却紧张的工作,摆脱现实的烦恼,进入一种自我陶醉的梦境。设计时应调动各种装饰设计元素,通过光影与色彩的作用,刺激视觉,愉悦感观,诱发人们在娱乐环境中宣泄情绪。

(3) 艺术性。娱乐场所是一个充满梦幻色彩的动感空间,在这里强调的不是严谨的秩序、规整的布局,而是创造性的艺术想象和丰富的艺术表现力。

(4) 文化性。娱乐场所往往建立在特定的文化背景与氛围之上,这就注定了其所营造的娱乐是一种富有文化内涵的娱乐。

10.2　不同性质的娱乐场所室内装饰设计的区别

1. 影剧院类室内装饰设计

影剧院的主要特点是通过空间造型设计来营造现代时尚、娱乐休闲的氛围。室内装饰的重点应放在贵宾休息室。卫生间也是不容忽视的装饰要点。界面装饰的要点表现在对各界面总体色调的把握,重点放在顶界面与侧界面的装饰上。陈设设计的重点在于影院座椅、音响设备与照明设备。

2. 酒吧类室内装饰设计

会所酒吧室内装饰设计要比影剧院活泼许多，可以大胆幻想、造型奇特、色彩对比强烈、材质丰富、装饰手法多样，因而其陈设设计的方法也更加丰富多彩。会所酒吧的设计首先要满足基本功能的需要，如舞台、舞池、坐台及附设吧台等的设置；区域划分要明确，布局尽量活泼；舞池与坐台要相邻；面积较大的地面可以有高差变化，以便丰富空间层次；室内织物陈设可以多一些，以起到吸音的作用。和其他娱乐场所室内装饰一样，会所酒吧室内装饰设计的造型、色彩、质地，以及效果处理应强调艺术性，陈设品的摆放也应考究。特别是灯光照明与音响设备设置更是重中之重，应强调艺术的再创造，注重营造整体氛围。灯光效果的聚散、疏密、强弱变化及音响的高低、光影图像艺术效果等问题的处理，直接影响到会所酒吧等室内陈设的艺术效果。

10.3 娱乐场所室内装饰设计

1. 娱乐场所室内装饰设计的原则

(1) 强化娱乐效果。以健康、轻松、休闲为宗旨，为公众提供"休闲、舒适、美观、时尚"的娱乐空间，满足人们生活、心理、审美等多方面的需求。

(2) 营造梦幻般的体验。造型、色调、光线的变化使照明、气氛及空间尺度等协调统一。设计师需运用形态要素自身的表现力，带给人们以各种精神上的美感，诱发人们丰富、美好的联想，达到极其抽象但令人兴奋的效果。

(3) 追求文化艺术氛围。借鉴一些形式美的陈设品和艺术手段进行加工处理，注重墙面的装饰效果，构筑一个温馨的空间氛围，可令人自我陶醉。

(4) 传达文化气息。通过创意设计，传播一种提升艺术修养、陶冶审美情趣的现代娱乐方式，营造现代特征文化艺术气氛浓郁的室内环境。最终充分展现娱乐场所室内的功能。

2. 娱乐场所室内装饰设计的手法

(1) 充分考虑底界面的功能。娱乐场所人流密集，因而在其底界面，特别是入口、电梯口、楼梯拐角，以及空间主通道地面必须考虑防滑、耐磨、易清洁等要求。

(2) 材料的色彩质地变化丰富。每个空间都可以作单独划分或局部装饰以纹样处理，使用的材料和颜色可以不同。对地面的装饰处理时可选用不同材料铺装，再配以不同颜色的灯光，能使整个空间产生奇妙效果。

(3) 顶界面装饰充满迷幻色彩。娱乐场所室内的顶界面非常重要，不仅要做出漂亮的造型，还要考虑各种灯光照明的设计。当各种灯光同时开启时，配以动感十足的音乐，整个空间在韵律变幻中交融一体，这时顶界面将成为无穷无尽的变幻莫测的来源。

(4) 侧界面装饰强调光影的效果。侧界面除了简单地用乳胶漆等涂料刷或喷漆处理外，还需要花费更多的心思和精力。在娱乐场所室内装饰设计中，对侧界面的审美要超乎想象。造型设计中常常选择个性新颖的形式,创造神秘的光影效果;走廊墙面设计中,可以立体化的造型将许多著名的电影人的手印镶嵌其中,星光无限。

精妙的娱乐场所设计,可以使人们不断地被娱乐空间环境中的形与声、光与影感动。

10.4 娱乐场所室内陈设设计

1. 家具陈设设计

家具在娱乐场所室内环境中的实用和观赏的特点都极为突出,家具对烘托室内环境气氛、形成室内设计风格起到举足轻重的作用。

2. 照明陈设设计

娱乐场所室内的照明多采用人工照明形式,通过光与影的配合,使空间富有层次和活力。照明形式主要有直接照明、间接照明、局部照明及装饰照明等,其中,装饰照明是最重要的照明设计。装饰照明是通过光源的色泽、灯具的造型及厅中室内装饰的有机结合,营造富有魅力的空间环境,调节人们的心理,舒缓精神压力。室内装饰照明可采用彩灯、霓虹灯、光导灯、发光壁面等。将迷幻的色彩、跳动的灯光、令人振奋的节奏等富有变化的形态进行结合,可使平淡的墙面通过光影交织投射,产生视觉变化的效果,赋予空间界面以性格和表情。在灯光、音响交织的节奏中,伴随着音乐的旋律,人们在形与色、静与动、快与慢、张与弛的律动变幻中,激发情感丰富的想象,实现负面情绪的宣泄与疏导。

3. 织物陈设设计

在娱乐场所室内装饰设计中,织物陈设最不能缺少。如窗帘、沙发套、抱枕、靠垫等都可以给空间带来愉悦、舒适感,垂吊的织物则会使人想起星空闪烁的夜幕神秘莫测,富有神奇的魅力。

10.5 娱乐场所室内装饰设计教学案例

项目名称:金五指休闲养生会所

(1) 会所布置图(见图 10-1 ~ 图 10-19)。

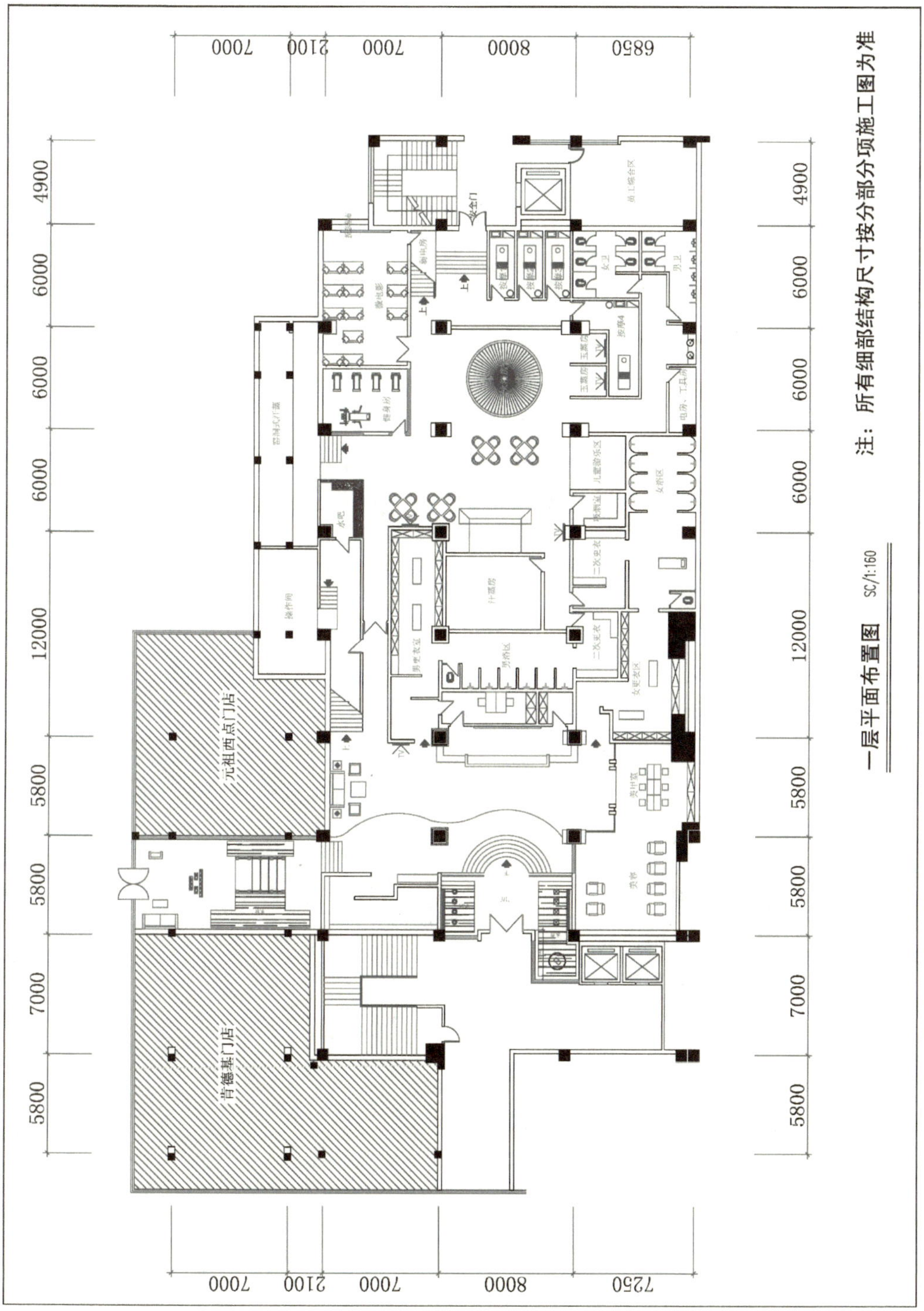

图 10-1 一层平面布置图

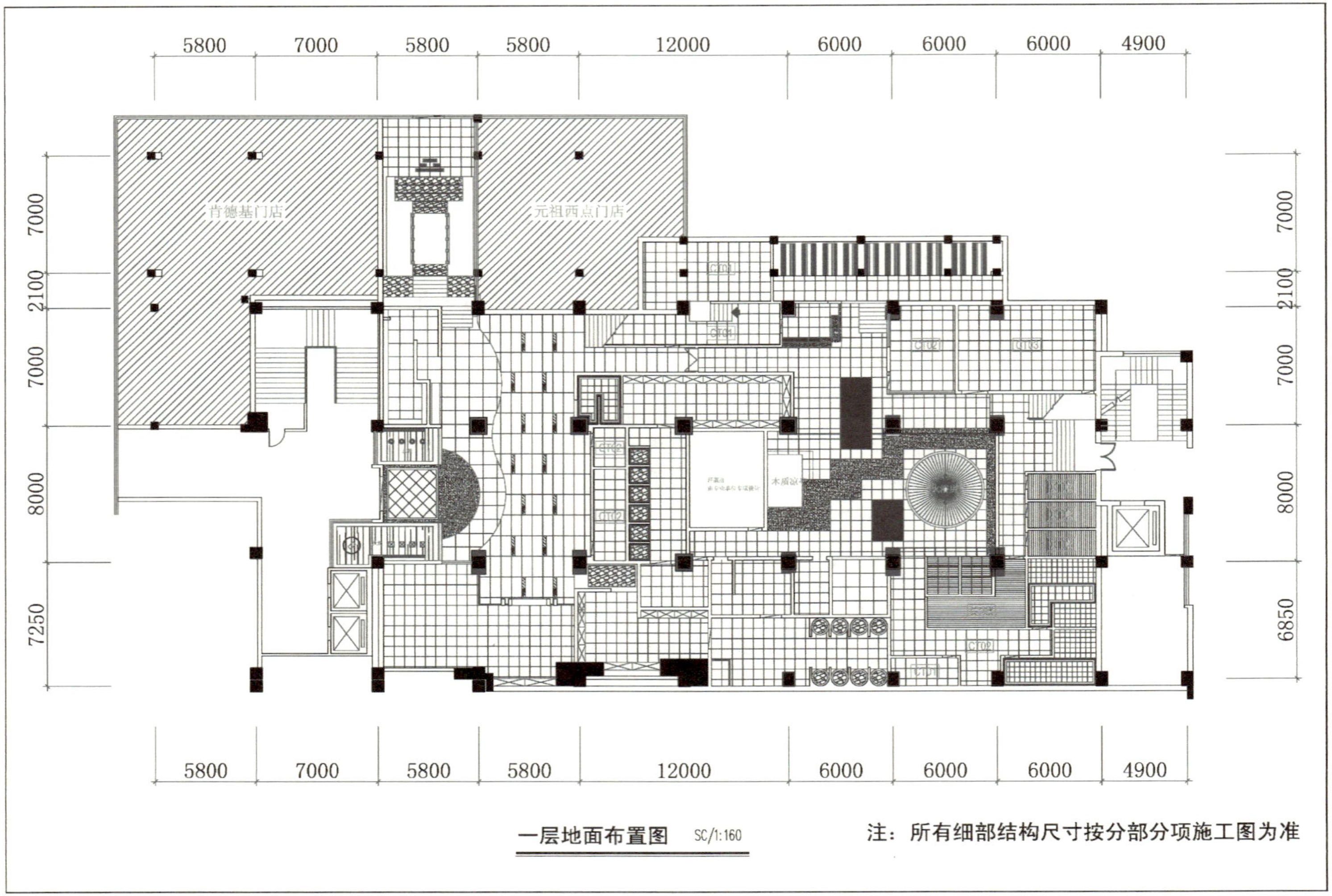

图 10-2　一层地面布置图

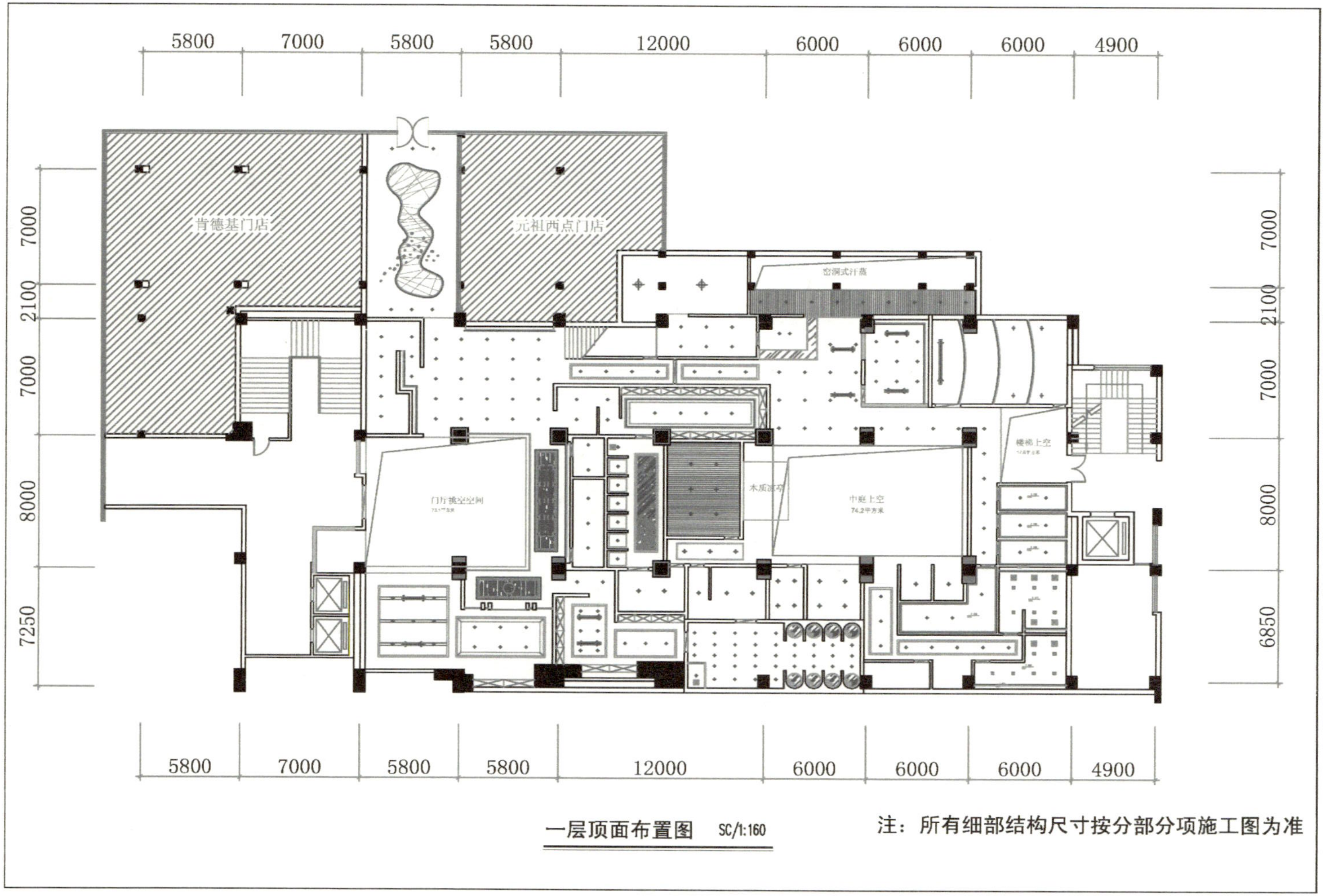

图 10-3 一层顶面布置图

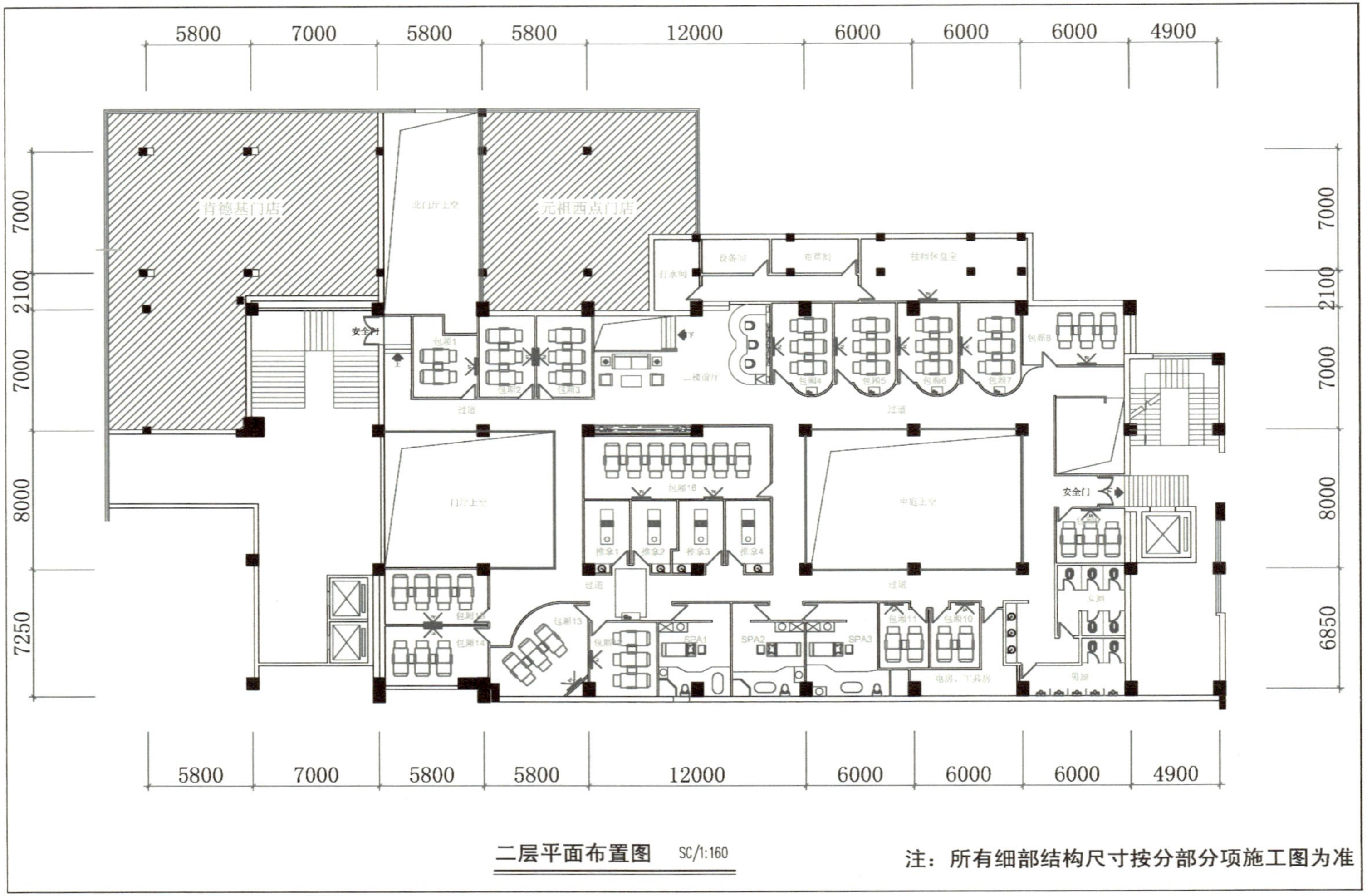

图 10-4　二层平面布置图

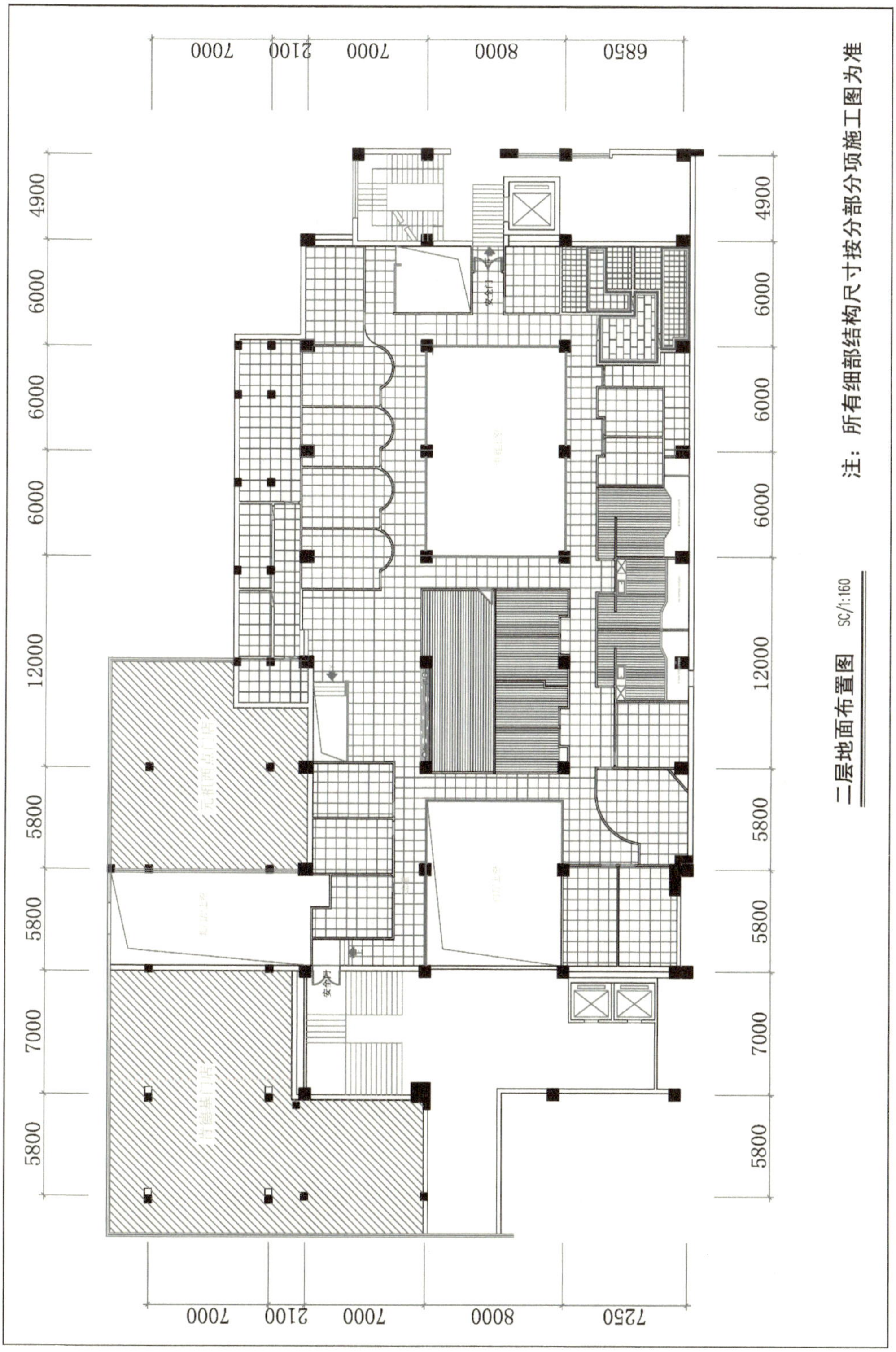

图 10-5　二层地面布置图

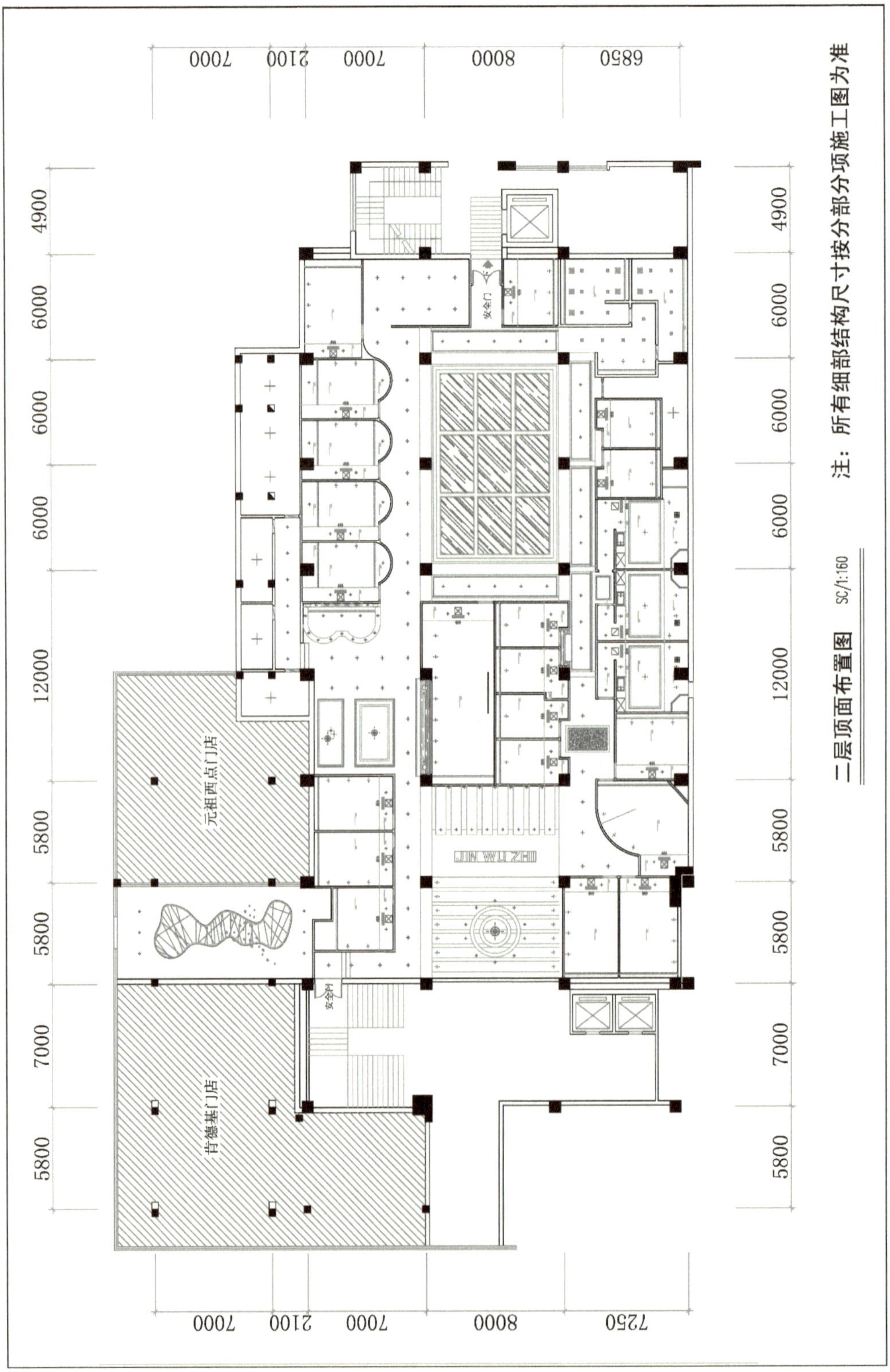

图 10-6 二层顶面布置图

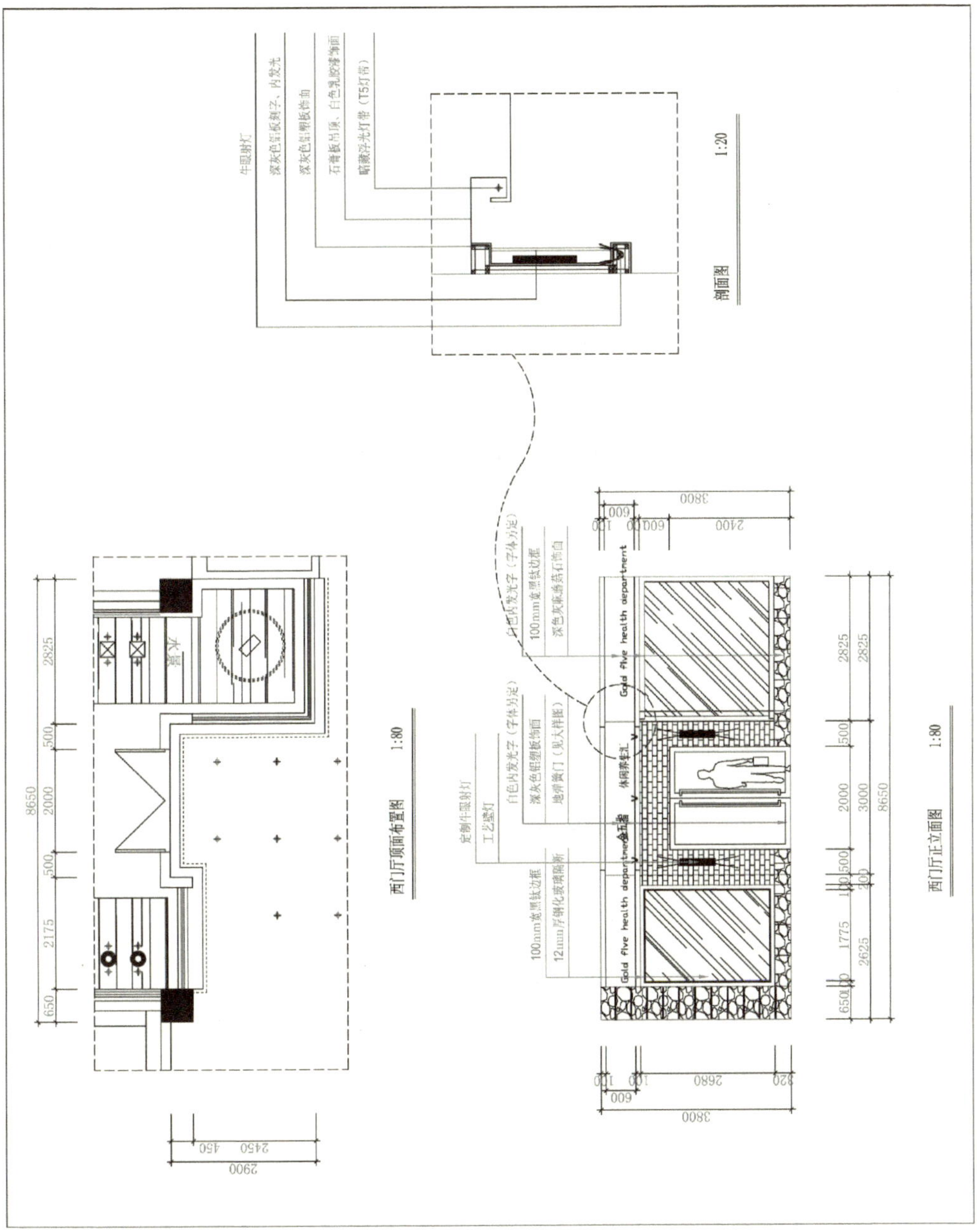
剖面图 1:20
牛眼射灯
深灰色铝板刻子、内发光
深灰色铝塑板饰面
石膏板吊顶、白色乳胶漆饰面
暗藏淡光灯带（T5灯管）
西门厅顶面布置图 1:80
白色内发光字（字体另定）
100mm宽黑钛边框
深色灰麻毛石饰面
定制牛眼射灯
工艺壁灯
深灰色铝塑板饰面
地弹簧门（见大样图）
12mm厚钢化玻璃隔断
Gold five health department
西门厅正立面图 1:80

图 10-7 西门厅布置图

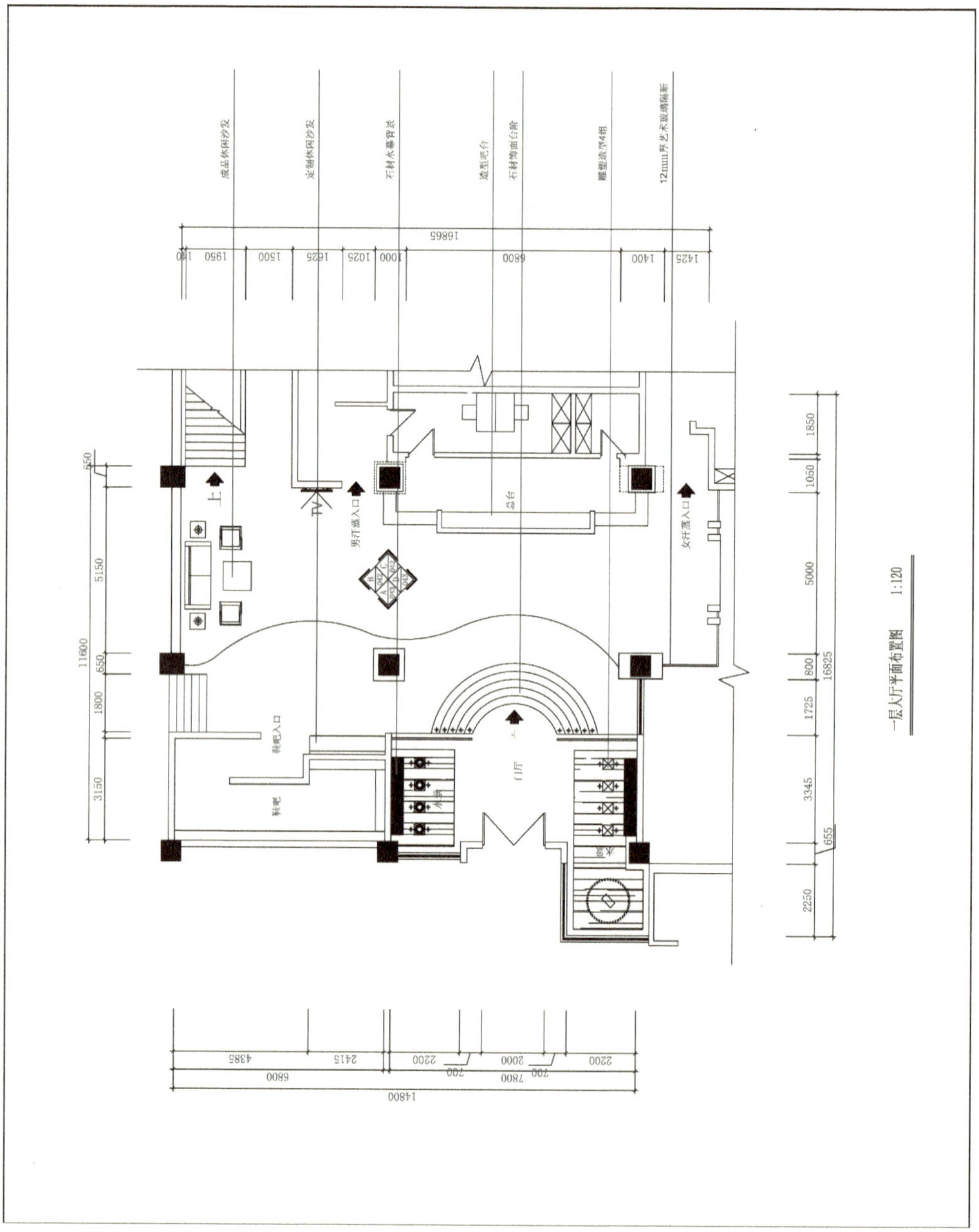

图 10-8 一层大厅平面布置图

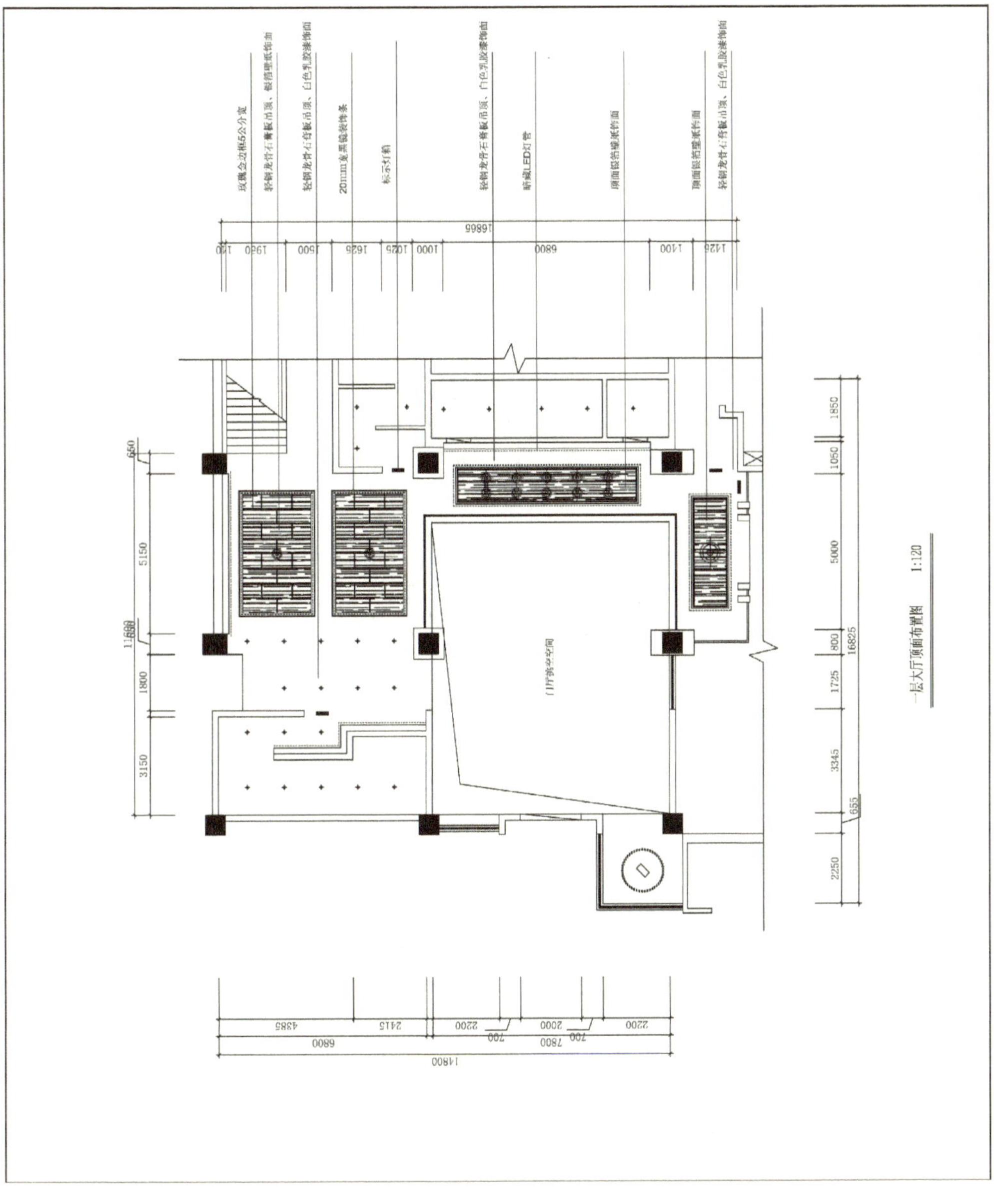

图 10-9 一层大厅顶面布置图

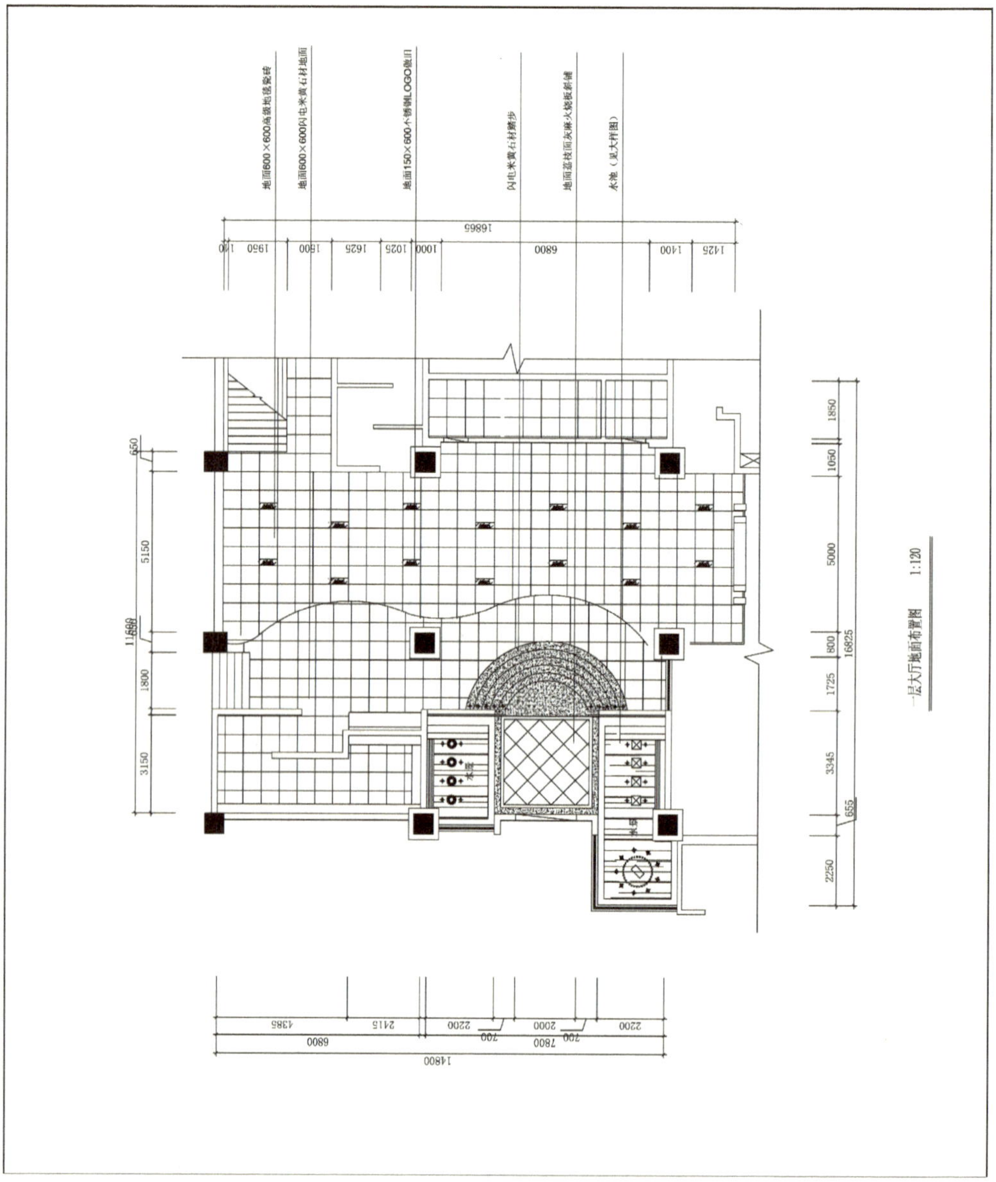

图 10-10　一层大厅地面布置图

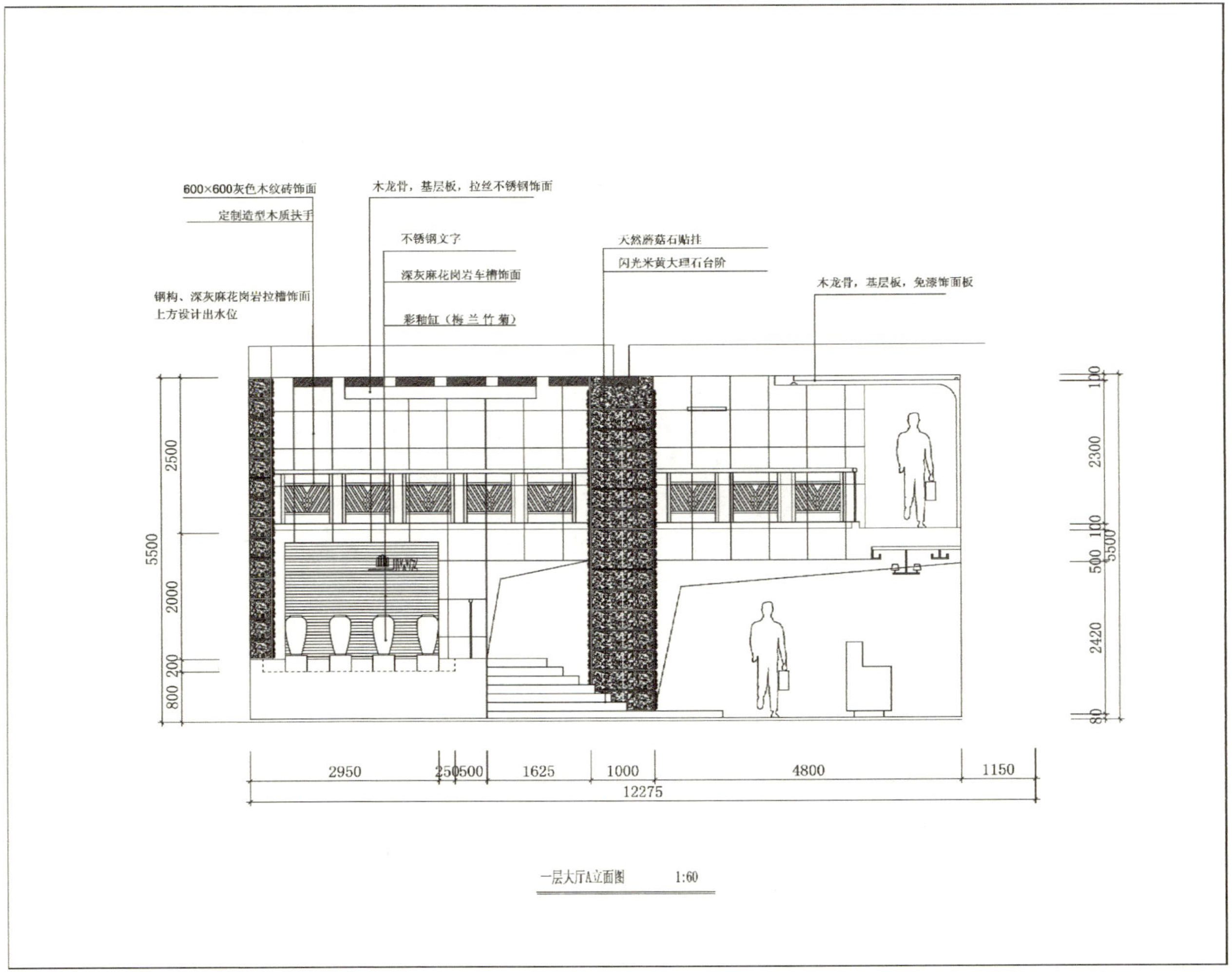

图 10-11 一层大厅 A 立面图

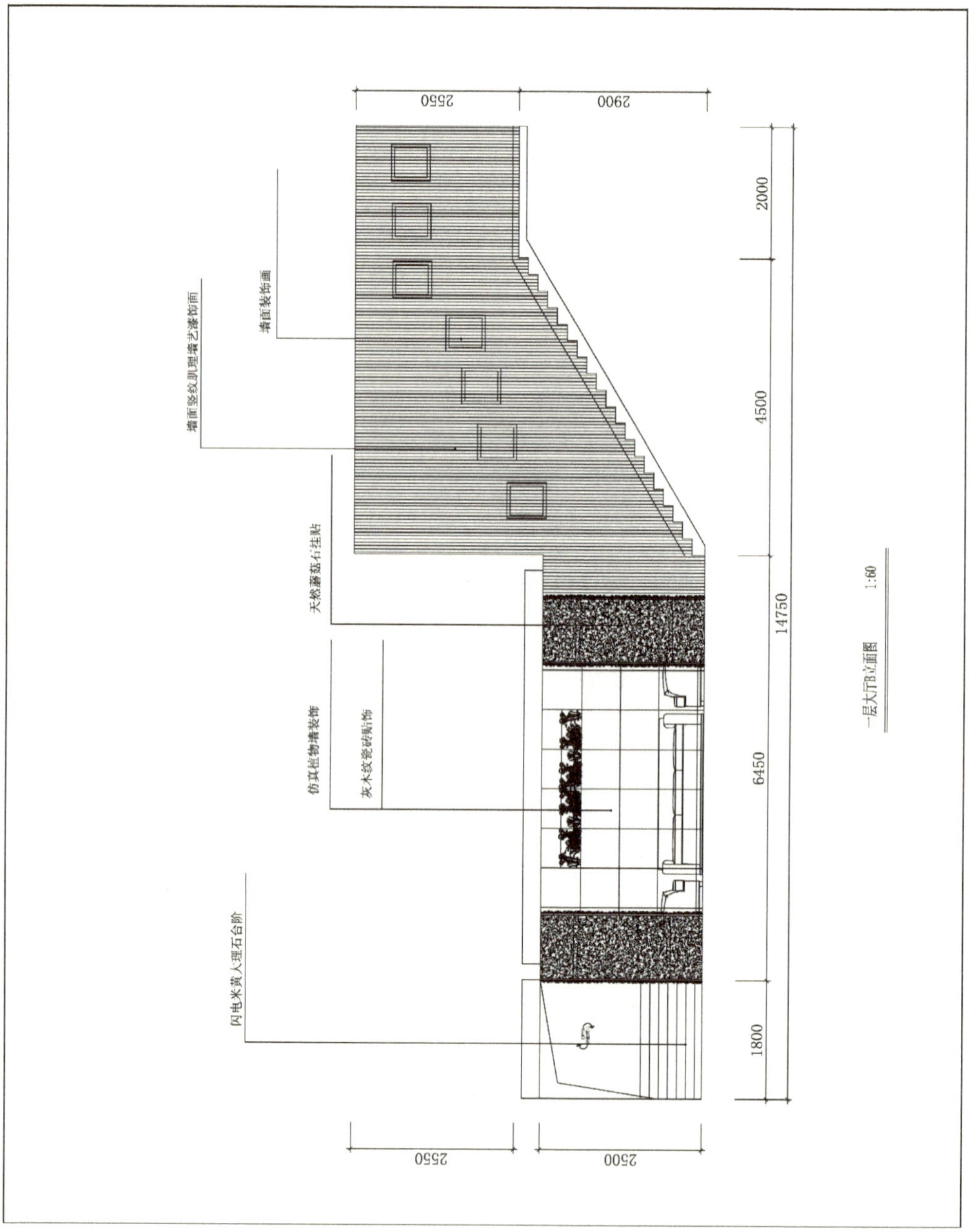

图 10-12 一层大厅 B 立面图

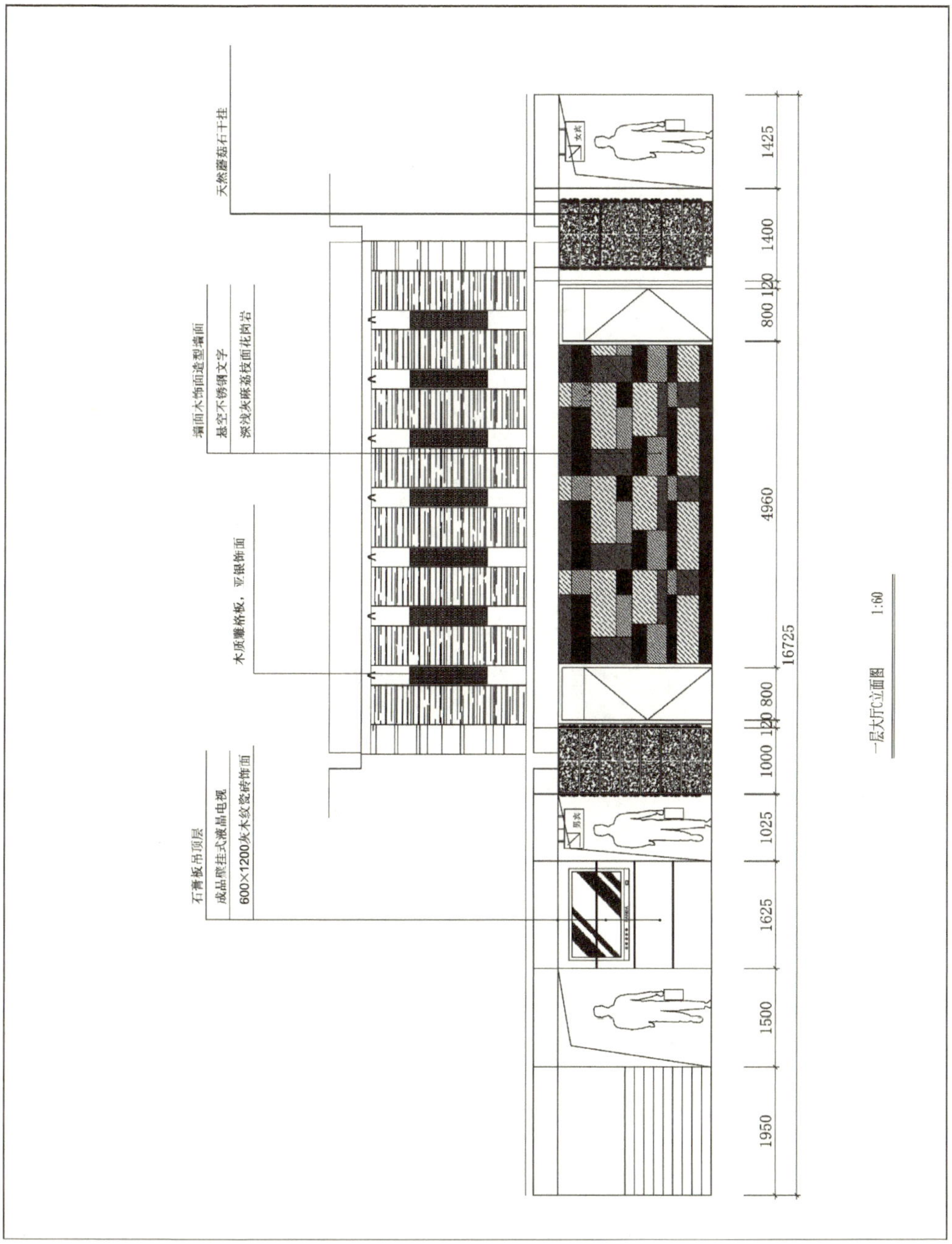

图 10-13 一层大厅 C 立面图

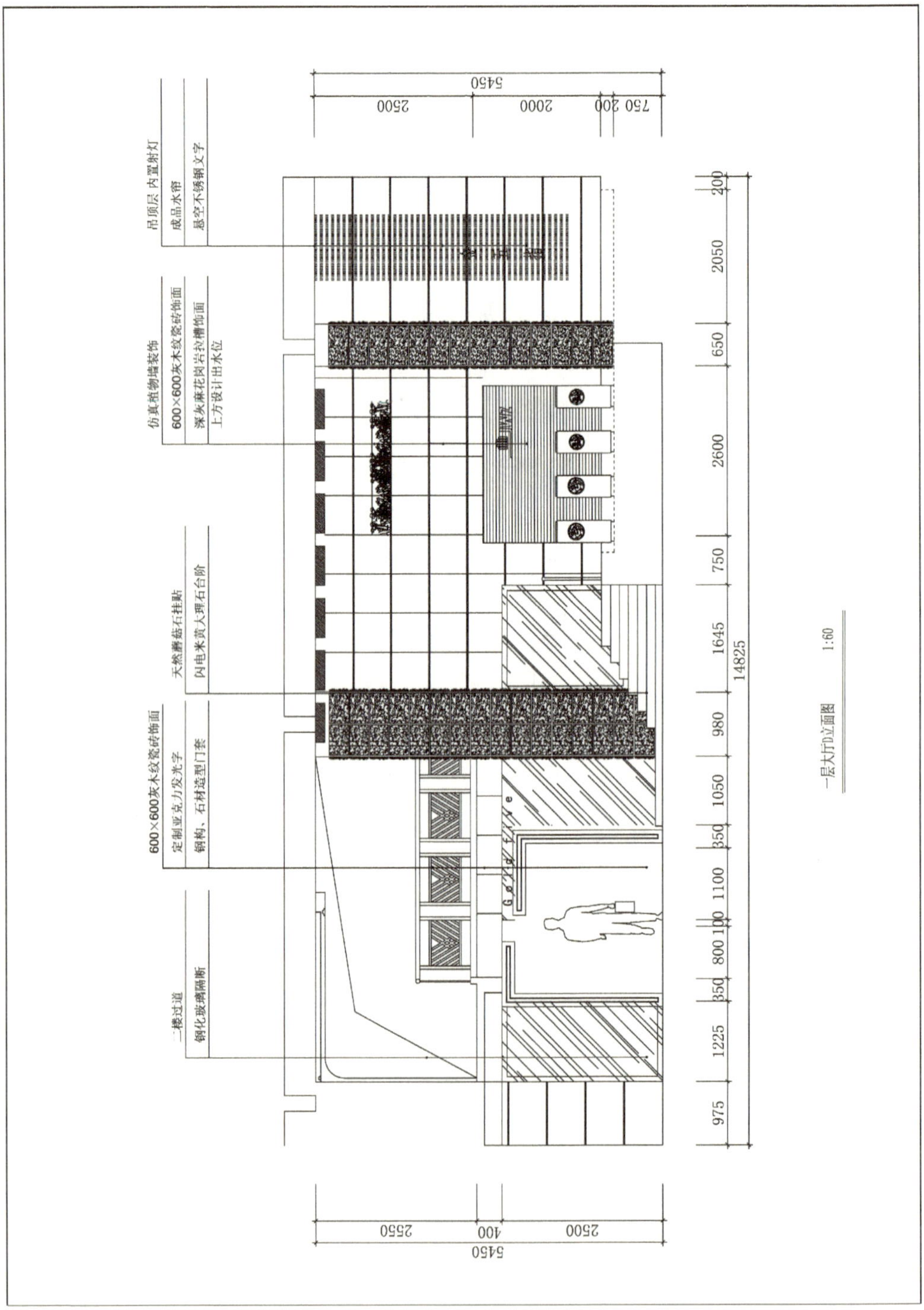

图 10-14　一层大厅 D 立面图

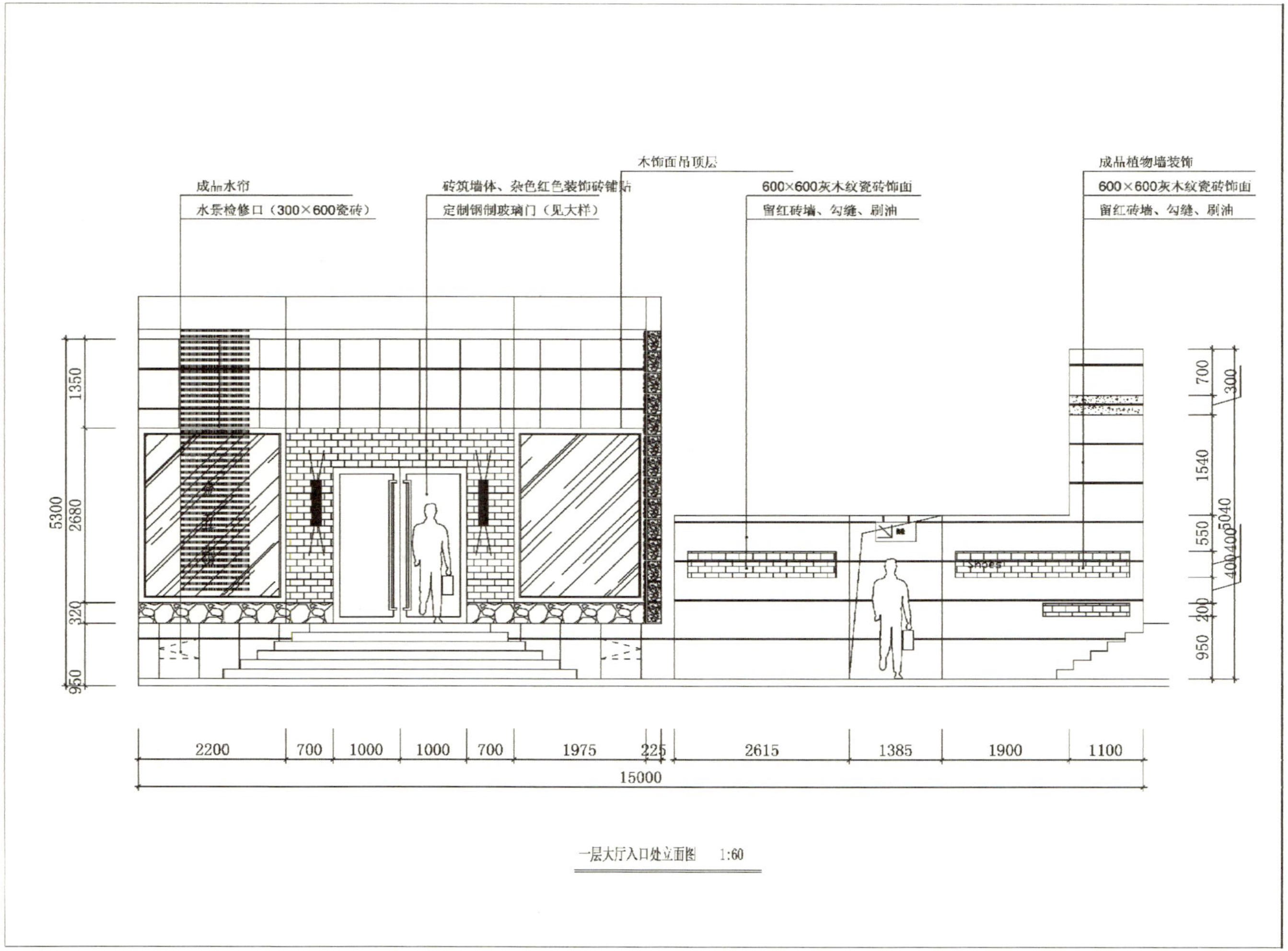

图 10-15 一层大厅入口处立面图

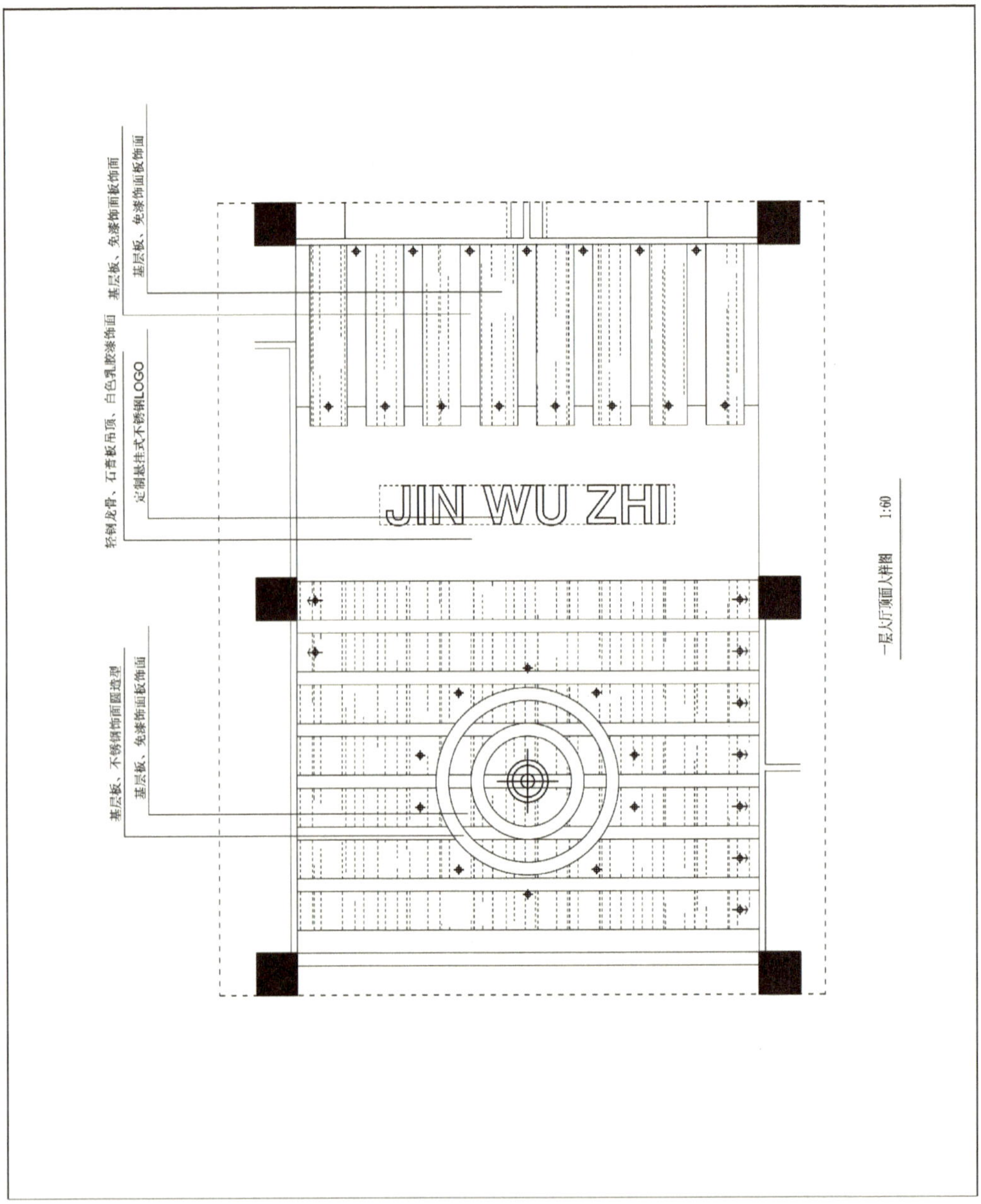

图 10-16 一层大厅顶面大样图

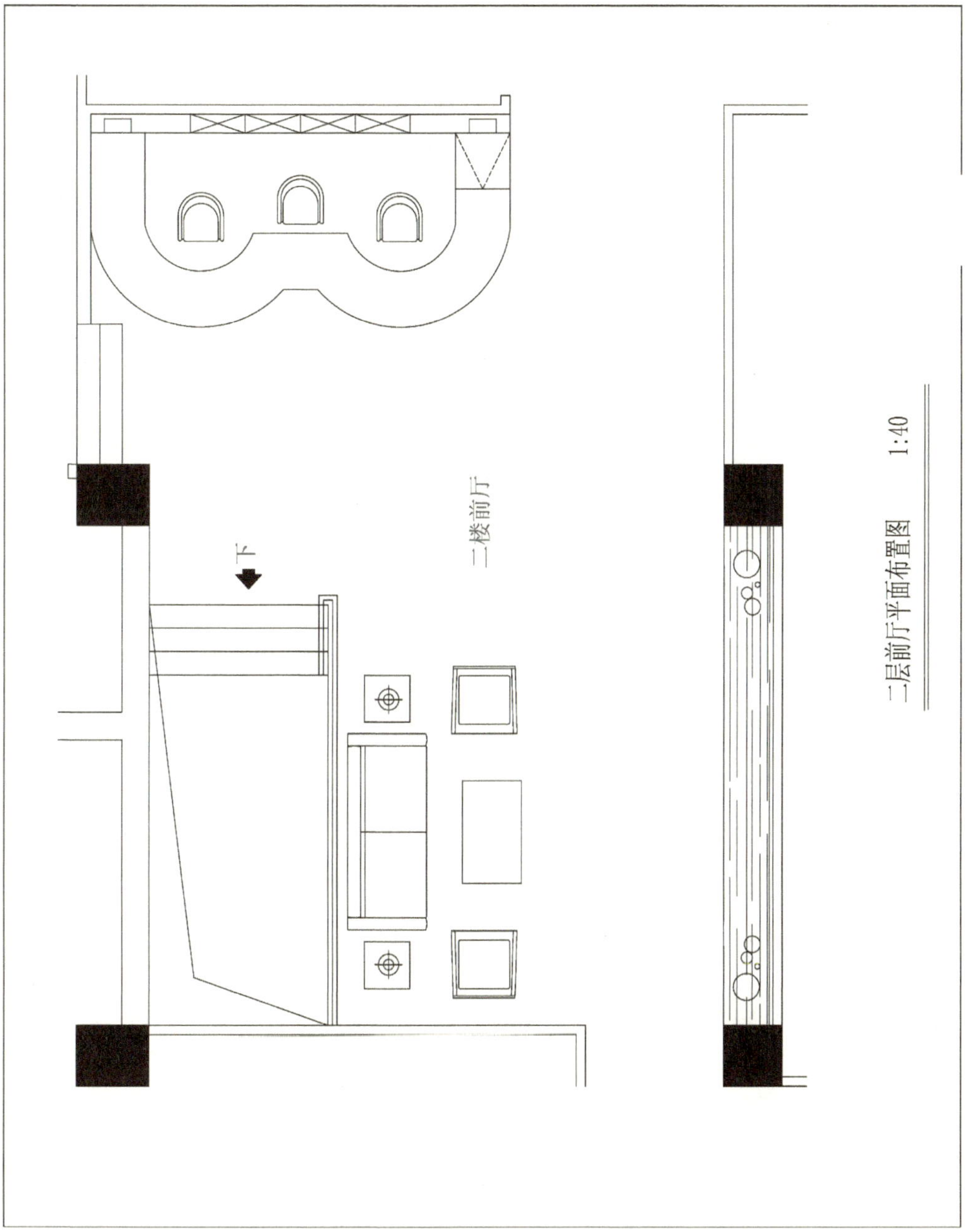

图 10-17 二层前厅平面布置图

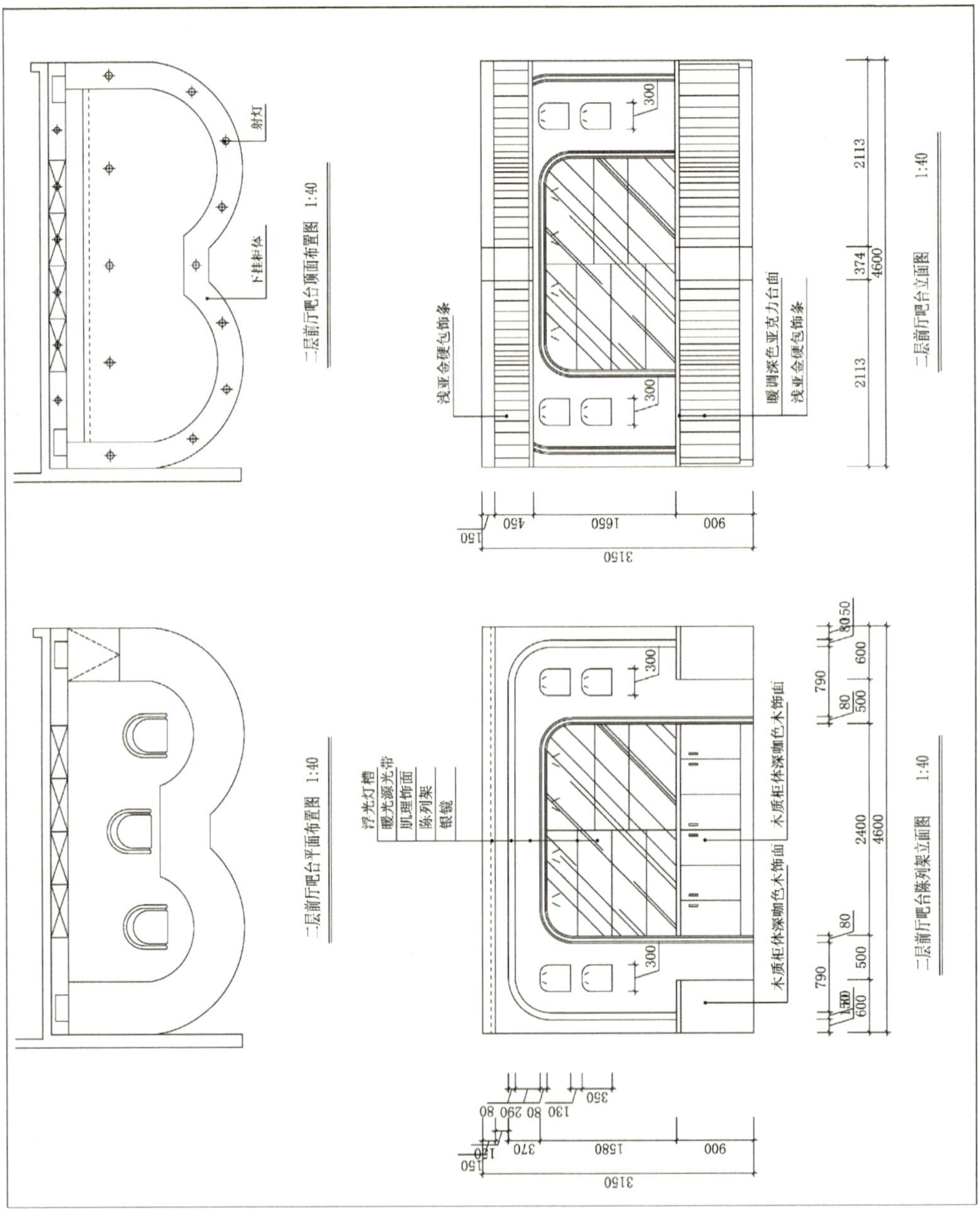

图 10-18 二层前厅吧台布置图

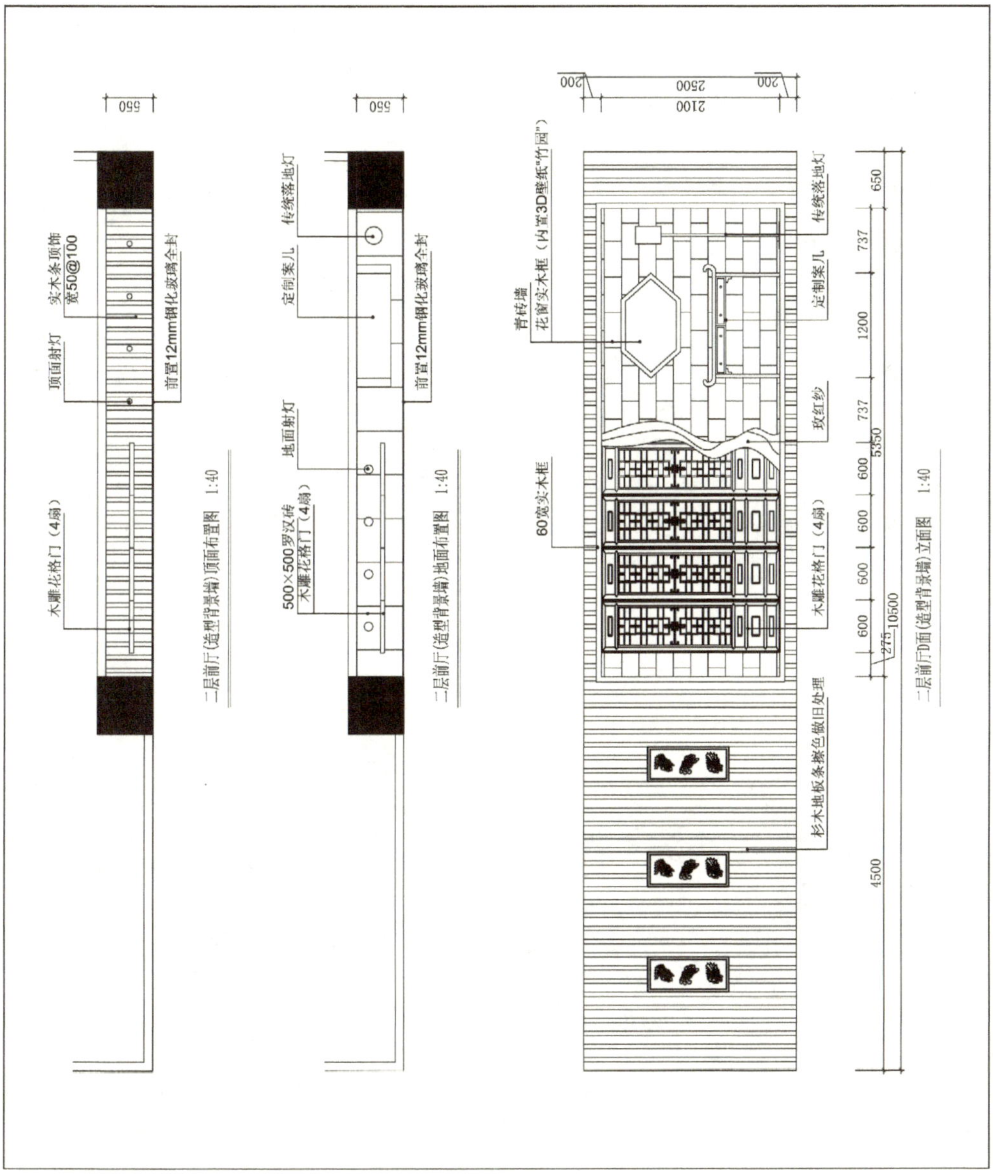

图 10-19 二层前厅布置图

（2）会所效果图（见图 10-20 ~ 图 10-32）。

图 10-20　门厅效果图

图 10-21　入口效果图

图 10-22　一层大厅效果图(一)

图 10-23　一层大厅效果图(二)

图 10-24　一层大厅效果图(三)

图 10-25　一层休闲区效果图

图 10-26　浴区效果图

图 10-27　二层前厅效果图

图 10-28　二层前台效果图

图 10-29　二层休闲区效果图

图 10-30　二层过道效果图

图 10-31　更衣间效果图(一)

图 10-32　更衣间效果图(二)

参考文献

[1] 赵青:《室内装饰设计与课程设计》,中国建材工业出版社,2008 年。

[2] 刘芨杉:《室内装饰设计》,科学出版社,2011 年。

[3] [美]程大锦:《室内设计图解》,乐民成,编译,中国建筑工业出版社,1992 年。

[4] 朱向军:《建筑装饰设计基础》,机械工业出版社,2008 年。

[5] 思维数码:《超写实效果图表现技法》,兵器工业出版社,2009 年。